上海市名特优新农产品申报指南

张维谊　丰东升　编著

 中国农业科学技术出版社

图书在版编目（CIP）数据

上海市名特优新农产品申报指南 / 张维谊，丰东升编著. -- 北京：中国农业科学技术出版社，2021.12

ISBN 978-7-5116-5526-4

Ⅰ.①上… Ⅱ.①张… ②丰… Ⅲ.①农产品 - 申报 - 上海 - 指南 Ⅳ.① F724.72-62

中国版本图书馆 CIP 数据核字（2021）第 200623 号

责任编辑 王惟萍
责任校对 李向荣
责任印制 姜义伟 王思文

出 版 者 中国农业科学技术出版社
北京市中关村南大街 12 号 邮编：100081
电 话 （010）82106643（编辑室） （010）82109702（发行部）
（010）82109709（读者服务部）
传 真 （010）82109698
网 址 http://www.castp.cn
经 销 者 各地新华书店
印 刷 者 北京中科印刷有限公司
开 本 148mm×210mm 1/32
印 张 3.5
字 数 100 千字
版 次 2021 年 12 月第 1 版 2021 年 12 月第 1 次印刷
定 价 42.80 元

《上海市名特优新农产品申报指南》

编 委 会

前　言

党的十九大报告指出，我国社会主要矛盾已经转化为人民日益增长的美好生活需要和不平衡不充分的发展之间的矛盾。在农业农村发展领域，不平衡、不充分的问题之一是优质绿色品牌农产品供给不足，农产品质量安全压力大。推进农业供给侧结构性改革，满足人们对安全优质农产品日益增长的需求，是当前和今后一个时期我国农业农村工作改革和完善的主要方向。为贯彻落实质量兴农、绿色兴农和品牌强农战略，2018年农业农村部农产品质量安全中心决定在农业农村部优质农产品开发服务中心工作的基础上，继续探索开展全国名特优新农产品名录收集登录工作，指导生产、引导消费，推进地方特色农产品质量提升和品牌培育，促进区域优势农业的产业发展。

面对新形势新任务新要求，为进一步实时了解地域特色农产品信息，促进农产品产销对接，及时指导生产和引导消费，满足公众对安全、优质、营养、健康农产品的需求，近年来，上海市农产品质量安全中心不断探索工作方法，总结工作经验，形成一套行之有效的工作制度，为推进名特优新农产品发展提供重要保障。

为将近年来改革创新的制度规范落到实处，推动上海市名特优新农产品各项工作制度化、规范化，同时方便名特优新农产品工作者查阅和使用，上海市农产品质量安全中心将有关制度进行整理，编撰成《上海市名特优新农产品申报指南》。本书对上海市名特优新农产品申报管理工作有较强的指导性，可作为名特优新农产品工作的技术培训教材，或作为名特优新农产品工作者、生产企业及农民的工具书，也可为关注和研究名特优新农产品的专家学者提供参考。

由于时间所限，书中不妥之处在所难免，敬请读者批评指正。

编著者

2021 年 6 月

目　录

第一章

名特优新农产品概述

第一节　名特优新农产品的发展意义

名特优新农产品，是指在特定区域内生产、具备一定生产规模和商品量、具有显著地域特征和独特营养品质特色、有稳定的供应量和消费市场、公众认知度和美誉度高并经农业农村部农产品质量安全中心登录公告和核发证书的农产品。名特优新农产品具有鲜明的地域特色、优良的品质特色和较高的知名度。

一、发展背景

党的十九大报告指出，我国社会主要矛盾已经转化为人民日益增长的美好生活需要和不平衡不充分的发展之间的矛盾。近年来，随着我国人民生活水平的提高和消费结构的升级，人们对农产品的需求层次更加多样，不仅要求吃饱，还要求吃好；不仅要求安全，还要求优质；不仅要求营养，还要求有特色。而与此相对应的农产品供给却存在结构性失衡现象，具体表现就是大路货过剩，好产品难寻。在农业农村发展领域，农业供给结构矛盾突出，优质绿色品牌农产品供给不足，农产品质量安全压力大。

习近平总书记在 2013 年 11 月下旬视察山东农业农村工作时指

出"以满足吃得好吃得安全为导向，大力发展优质安全农产品"。2013 年中央农村工作会议和全国农业工作会议对发展优质安全农产品、增加农民收入也做出了重要部署。为充分发挥我国农业资源优势，发掘、保护、培育和开发一批名特优新农产品，增加优质农产品总量，满足广大消费者需求，2013 年，农业部基于引导特色农业发展、提升质量水平、促进品牌培育、加强产销衔接 4 个方面为目的，启动了全国名特优新农产品工作，具体由农业部优质农产品开发服务中心组织开展全国名特优新农产品目录《种植业食用农产品》编发工作，归口农业部种植业管理司。

二、充分认识名特优新农产品工作的重要意义

名特优新农产品工作是新时期优质农产品开发的一项创新性工作，具有重要的作用和意义。

（一）名特优新农产品是实施乡村振兴战略的重要内容

地域性是农业的自然特征。我国地处欧亚大陆东部，地域辽阔，地形多样、气候复杂，孕育了地域鲜明、特色突出的众多农产品。《中共中央国务院关于实施乡村振兴战略的意见》明确要求，制定和实施国家质量兴农战略规划，深入推进农业绿色化、优质化、特色化、品牌化，调整优化农业生产力布局，推动农业由增产导向转向提质导向；推进特色农产品优势区创建，培育农产品品牌，打造一村一品、一县一业发展新格局。《乡村振兴战略规划（2018—2022）》提出，要以各地资源禀赋和历史文化为基础，有序开发优势特色资源，做大做强优势特色产业。近年来，各地发挥区域优势，发展特色产业，取得了良好成效。品种结构、品质结构不断优化，优质农产品产量逐年增加，市场竞争能力不断增强。但是，一些地方还存在对自身特色认识不足、特色产业发展不平衡、

效益不高等问题。因此，名特优新农产品工作就是要引导各地进一步发挥区域优势，因地制宜，扬长避短，科学合理利用当地资源、气候优势，根据市场需求发展特色产业，坚持错位发展、差异化发展，不求其多，但求其特；不求其全，但求其精。在特色上做文章，在优质上下功夫，在高效上找出路。把我国农业的资源优势、生产优势和产品优势转化为质量优势和效益优势，变特色产业为优势产业，进一步优化农业产业结构，转变农业发展方式，推动特色产业健康发展，实现农业增效和农民增收。大力发展名特优新农产品，是突出区域特色、引导地方特色产业发展、促进农业增效和农民增收的需要，是推进农业高质量发展、实施乡村振兴战略的基本要求和重要内容。

（二）名特优新农产品是满足人民日益增长的美好生活需要的根本要求

20 世纪 80 年代中期以来，我国大力开发优质农产品，农产品供给总量充裕、种类丰富，涌现出一批产品质量好、地方特色突出、品牌影响力大的名特优新农产品，对满足市场需求和促进农民增收发挥了积极作用。近年来，随着我国经济发展和人民生活水平的提高，社会对名特优新农产品的需求日益旺盛。目前，优质农产品生产和消费之间还存在一定程度的信息不对称，特色鲜明、质量稳定、消费者青睐的优质绿色品牌农产品不多，农业供给的质量和效益总体不高，难以满足消费者日益升级的多元化、个性化、品牌化需求。发掘、保护、培育和开发名特优新农产品，增加安全优质特色营养健康的农产品供给，是满足人民群众日益增长的美好生活需要的根本要求。名特优新农产品名录收集登录工作，就是及时掌握优质农产品生产和市场信息的过程，也是促进生产与市场有效衔接的过程，更是促进优质优价机制形成和完善的过程。通过名特优新农产品名录，引导生产者向消费者提供更多更好的农产品，有利于用品牌提振消费者对农产品质量安全的信心，有利于增强公众对政府治理能力的信心，有利于满足人民群众日益增长的美好生活需要。

（三）名特优新农产品是推进农业标准化生产的需要

保障农产品质量安全，满足人民群众对美好生活的新期待，是公共服务的重要内容，是各级政府应尽的职责。近年来的中央一号文件都要求强化农产品质量和食品安全监管，建立最严格的覆盖全过程的食品安全监管制度。实行产量和质量并重，坚持"产出来""管出来"两手硬。名特优新农产品工作就是围绕当前现代农业发展中遇到的难点和重点，充分发挥各级农业农村部门的工作积极性，通过科学、严格、规范和公开透明的程序，从各地达到质量安全标准的农产品中筛选推介出一批名特优新农产品予以公布。以主产区、优势产区为重点，以菜篮子产品为重点、以社会关注度高的产品为重点，结合国家实施的中国特色农产品优势区等工作，引导各地加快推进选育一批适宜不同区域、不同用途的优质品种，解决一些地方产品品种退化问题。通过发展名特优新农产品，推进良种良法配套、农机农艺结合，以生产基地为载体，推进标准化生产和产业化经营，切实加强对农产品生产全过程的质量监管，进一步提升农产品品质，进一步夯实我国农产品质量安全基础，提升农产品质量安全水平。

（四）名特优新农产品是增强农业国际竞争力的迫切需要

我国是传统农业大国，种质资源非常丰富，农业开发历史悠久，形成了一大批独具特色、有较高知名度的优质农产品品种。随着农产品国际市场的融合加深，我国农产品国际竞争力不强的问题越发凸显，农产品贸易逆差持续扩大，继 2017 年 503 亿美元、2018 年 573 亿美元后，2019 年上半年已达到 350 亿美元。与此同时，蔬菜、水产品、水果、茶叶等特色农产品仍然实现较大顺差。加快促进国内农业产业健康发展，提升农产品国际竞争力已迫在眉睫。发展名特优新农产品，因地制宜实施差别化发展，做强优势特色产业，是提高我国农业竞争力，实现由农业贸易大国向农业贸易强国转变的必由之路。

（五）名特优新农产品是提升农产品品牌，增加农民收入的必然要求

近年来，我国农民收入虽然保持较快增长，但大宗农产品价格持续低迷，农民工就业和工资增速双下降，农民增收压力较大，特别是脱贫攻坚进入关键阶段，增加农民收入越来越成为当务之急。发掘、保护、培育和开发一批名特优新农产品，推动优质安全农品生产，引导各地政府重视名特优新农产品的区域公用品牌培育，引导合作社、龙头企业注重打造优质品牌，提高品牌的知名度、认知度和美誉度，提升优质农产品市场占有率。发展名特优新农产品，是推动农业提质增效，促进精准脱贫、产业扶贫，为增加农民收入开辟新渠道的客观需要。

第二节　名特优新农产品发展现状

一、全国名特优新农产品发展历程

（一）探索阶段（2013—2017 年）

2013 年开始，农业部优质农产品开发服务中心配合农业部种

植业管理司制定了《全国名特优新农产品目录编发实施方案》，余欣荣副部长对方案作出了"好事办好、精心组织、宁缺勿滥"重要批示，提出了编发工作的原则要求。为发挥我国农业资源丰富和地域特色农产品众多的优势，发掘、保护、培育和开发一批名特优新农产品，推进农产品品种改良、品质改进和品牌创建，促进农业增效和农民增收，农业部种植业管理司下发了《关于征集全国名特优新农产品目录的函》（农农（经作）〔2013〕125号），对这项工作进行全面部署。征集产品的条件围绕名、特、优、新4个字展开："名"指一直在一定区域内种植的国内外知名种植业食用农产品，即地方名产；"特"指仅在特定区域内种植，具有独特地域特征的种植业食用农产品，即地方特产；"优"指符合下列条件之一的种植业食用农产品，产品品质达到国家或农业行业优质产品标准，经过省部级专业质量检验检测和认证机构认证的农产品，曾在省部级以上机构组织的博览会、展销会、交易会上获得奖项；"新"指从境外引进种植，经过培育或改良，形成一定生产规模，具有鲜明新品种特征的食用种植业农产品。

从2013年开始，农业部优质农产品开发服务中心每2年征集和发布一批种植业食用农产品目录，有效期2年，重点是粮油、蔬菜、水果及茶叶等。由镇级农业部门申请，每个产品确定名、特、优、新中的一个类别并筛选推荐从事其生产经营的信誉良好、实力较强的龙头企业、合作社，市级农业部门审核推荐，农业部优质农产品开发服务中心组织专家评审，通过专家评审的经公示无异议后向社会公布。农业部优质农产品开发服务中心遵循公益服务、自愿申报、公开公正和动态管理的原则，于2013年、2015年和2017年发布了3批名特优新农产品目录，目录产品累计达到2 116个，主要涵盖粮油、蔬菜、果品、茶叶等产品。其间，组织开展了一系列目录产品宣传推介工作，浙江、广西等省（区、市）纷纷到上海举办名特优新农产品展销会，取得了初步成效。

（二）稳步发展阶段（2017 年至今）

2017 年 4 月，农业部党组决定，整合农业部农产品质量安全中心和农业部优质农产品开发服务中心，组建新的农业部农产品质量安全中心，全国名特优新农产品相关工作由农产品质量安全中心承接，明确农业部农产品质量安全中心的工作职责包括开展农产品质量安全和名特优新农产品发展政策法规、规划标准研究，开展名特优新农产品开发布局规划研究和地方优质农产品发展指导等工作。

2018 年是农业农村部确定的"农业质量年"，标志着我国农业发展进入了由增产导向转向提质导向、由数量第一转向质量第一的新时代。农业农村发展新的时代背景为名特优新农产品工作赋予了新的历史意义和历史使命。全面加强名特优新农产品工作是推进质量兴农，深化农业供给侧结构性改革，加快推进农业农村现代化的时代要求。为贯彻落实质量兴农、绿色兴农和品牌强农战略，推进农产品质量提升，培育地方特色农产品品牌，促进区域优势农业产业发展，2018 年 9 月，农业农村部农产品质量安全中心印发新的《全国名特优新农产品名录收集登录规范》，对原有的工作制度在 5 个方面进行了调整和加强。①扩大名录发布领域，由之前的单一种植业拓展到种植、畜牧、渔业 3 个行业，即全行业开展名录收集登录发布工作。②调整名录发布周期，由之前的每 2 年发布 1 次调整为每季度发布 1 次，证书长期有效，实行年度确认制度。③改革申报受理方式，由之前的集中受理调整为常年受理，有利于提高申报工作质量。④完善审核推荐程序，增加区级审核环节，有利于区域统筹把握。⑤增加产品营养品质评价要求，即申报材料中要求增加营养品质评价报告，促进名特优新农产品品质提升。为进一步规范、高效开展全国名特优新农产品名录收集登录工作，2020 年1 月，农业农村部农产品质量安全中心对《全国名特优新农产品名录收集登录规范》进行了修订，重点完善了年度确认、跟踪管理等工作内容，要求市级农产品质量安全（优质农产品）工作机构加强组织领导和宣传培训，指导地（市）和镇级农业农村部门按照职责分工做好全国名特优新农产品名录收集登录工作，及时开展获证产品年度确认工作，加强日常巡查、现场核查等跟踪管理，切实维护全国名特优新农产品品牌信誉和公信力。

截至 2020 年 3 月底，按照新的制度已确认发布 4 批共 400 个全国名特优新农产品。为了增强工作科学性，农业农村部农产品质量安全中心组织编制不同类别名特优新农产品评价鉴定规范，择优确认了一批全国名特优新农产品营养品质评价鉴定机构和试验站。同时，积极打造产销对接机制，依托中国农产品质量安全网等公共平台，联合中央电视台农业频道《食尚大转盘》栏目宣传推介名特优新产品，助力产业兴旺和精准扶贫。

二、上海市名特优新农产品发展现状

全国名特优新农产品工作自 2013 年启动以来，上海积极响应，坚持"真实可信、公益服务、动态管理"的基本原则，2013—2017 年，上海市农业委员会种植业管理办公室对应农业部种植业管理司，主要负责上海市的名特优新农产品工作。各区农业行政主管部门对辖区内近 5 年符合征集条件的名特优新农产品进行全面清理和筛选，各区根据辖区内农业资源和历史、地域优势，以粮油、园艺等种植业食用农产品为重点，按照名、特、优、新农产品分类条件，推荐辖区内有代表性的种植业名特优新食用农产品和生产该产品具有代表性的生产企业或者合作社，以区农业委员会为单位组织申报至市农委。市农委经筛选推荐后，汇总上报至农业部优质农产品开发服务中心。

在组织申报过程中，市农委严格审核上报材料，保证上报材料的真实性、有效性。有下列情况之一者，不予推荐进入全国名特优新农产品目录：一是产品生产单位的注册地址不在国内，或使用国（境）外商标的；二是近 5 年内，产品在县及县以上各级质量安全例行监测和质量抽查中有不合格记录的；三是近 5 年内，有使用国家禁止使用的农业生产资料、原材料以及不符合质量安全要求的农业投入品记录，或发生重大质量安全责任事故，或有重大质量投诉，经查证属实的；四是有偷税漏税、掺杂使假、虚假广告等违反法律法规行为的；五是有其他违反《农产品质量安全法》《食品安全法》行为的；六是有其他不符合全国名特优新农产品目录征集条件的。

2013—2017 年，上海累计有 16 个农产品纳入全国名特优新农产品目录，涵盖全市 9 个涉农区，产品类别基本包含了粮食、蔬菜、水果等上海主要种植业食用农产品，而且各类产品的分布比较合理。有相当部分是历史悠久的地方特产和名产，曾经多次被评为省部级、国家级优质产品或获得荣誉称号，有一些是改革开放以来从新疆、山东等国内其他地方成功引进并在上海郊区实现规模化生产的新产品，大多数产品通过了"三品一标"和良好农业规范（GAP）等认证，质量安全可靠，有较强的代表性。

2018 年机构职能改革后，上海市农产品质量安全中心对应农业农村部农产品质量安全中心，承担上海市的名特优新农产品工作。上海市名特优新农产品进入一个全新的发展阶段，先后制定了《上海市名特优新农产品申报管理规范》《上海市名特优新农产品现场考察意见通知书》《上海市名特优新农产品现场考察意见意见表》等文件，制度先行，进一步规范管理。

第三节　名特优新农产品工作内容

一、名特优新农产品工作的目标任务

（一）突出"一个中心目标"

全面加强名特优新农产品工作要突出一个中心目标，即推进农业农村产业兴旺，实现"农业优产、农村优品"，助推乡村振兴。要通过定期发布全国名特优新农产品名录，促进各地立足资源优势，因地制宜发展特色优势农产品，使特色优势产业分布更趋合理，农业生产力布局更加优化，真正实现农业提质增效、转型升级，助力乡村振兴。

（二）强化"两项核心任务"

全面加强名特优新农产品工作要突出两项核心任务。一是在生产端加强生产技术指导，帮助生产主体生产出符合市场需求的优质特色高品质农产品。要深化产学研融合，针对各地名特优新农产品，确定当地最适宜的品种，提优扶壮，研究最合适的生产环境、生产技术、产量、收获期、储运条件、包装材料及加工方法，形成基于品质提升的标准化技术控制措施。通过推广应用全程质量控制技术，保持提升特色农产品的品质水平，把特色优势农产品做精做强，提升我国特色优势农业的整体发展水平。二是在消费端加强市场消费引导，引导消费者选择营养健康好味道农产品。要充分运用各种媒介，向社会公众展示宣传名特优新农产品，引导特色优质农产品消费。开展各类市场信息服务，把好产品推介给大型农产品经销商和普通消费者，促进名特优新农产品实现顺畅销售、优质优价。要通过科学合理的生产指导和消费引导，引导市场主体挖掘名特优新农产品的品质内涵和文化内涵，以满足市场个性化、多样化、差异化消费需求为目标，以提升农产品品质和安全水平为核心，培育打造特色鲜明、质量过硬、信誉可靠的知名好产品、好企业、好产地等农业品牌，推动农业优质化、绿色化、特色化、品牌化发展，全面提升农业质量效益竞争力。

（三）发挥好"双轮驱动作用"

全面加强名特优新农产品工作要注重发挥好两个方面的重要作用。一方面要发挥好政府引领推动作用，要通过各级政府的政策激励引导资源向特色优势农业产业合理流动，加强生产指导和消费引导服务，鼓励适度规模经营和高质量发展，做精做强特色优势农业。另一方面要发挥好市场价值驱动作用，通过构建、完善优质优价机制和优胜劣汰机制，发挥市场对土地、资金、技术等资源配置的决定性作用，做精优势产能，淘汰劣质产能。

二、名特优新农产品工作的提升路径

深化农业供给侧结构性改革，推动农业由增产导向转向提质导向，是一项长期而艰巨的任务。名特优新农产品工作也不可能一蹴而就，需要长期探索实践，深耕细作、练好内功，才能取得理想的成效。当前和今后一个时期需要重点做好 5 个方面的工作。

（一）抓好科研推广和培训宣传两项基础性工作

科研教学推广单位要加强品种改良、生产过程控制、储藏运输、包装标识和加工方法等全程质量控制技术的科技创新和推广应用，农业部门要加强全国名特优新农产品名录申报、全程质量控制技术等工作的培训以及名录产品的宣传推介。要通过多方共同努力，切实加强生产指导和消费引导服务，促进名特优新农产品的品种提升、品质提升和品牌提升。

（二）推进优质基地创建和产销对接平台创建

在全国创建一批名特优新农产品优质生产基地，实施政策激励和资金支持、推行全程质量控制技术、培育打造特色农业品牌，做强特色优势产业。利用各级农产品质量安全网、农产品质量安全追溯平台、中国农产品质量安全公众号、电视频道等媒体大力宣传名特优新农产品，组织开展名特优新农产品展览展示会，加强与大型农产品线上和线下经销商对接，全方位打造名特优新农产品产销对接平台，实现特色优质农产品产销两旺。

（三）加快工作推进、营养品质评价和全程控制技术体系建设

依托各级农产品质量安全中心（优质农产品开发服务中心）建立贯通部省地县的全国名特优新农产品工作推进体系，推动名特优新农产品名录收集登录、目录产品宣传推介以及基地建设等工作。依托大专院校、科研院所以及中心城市农产品质量安全检测机构建设全国名特优新营养品质评价鉴定工作体系，承担农产品独特营养品质特征识别、机制机理探寻、调控提升以及名特优新农产品营养品质评价鉴定等工作。依托大专院校、科研院所建设全国名特优新农产品全程质量控制技术体系，承担名特优新农产品全程质量控制技术的科学研究、推广应用和科学普及工作。

（四）抓紧建设首席专家和品审品管员两支技术专家队伍

依托大专院校和科研机构的专家建立名特优新农产品首席专家队伍，承担名特优新农产品营养评价鉴定、全程质量控制技术科学研究、推广应用、科普宣传以及产品名录的技术评审。依托大专院校、科研机构和名特优新工作机构业务骨干建设名特优新品审品

管员队伍，承担名特优新农产品生产指导、营养品质审查及管理工作。

（五）建立完善营养品质评价鉴定、全程质量控制和包装标识 3 类技术规范

按照产品类别组织制定名特优新农产品营养品质评价鉴定技术规范、全程质量控制技术规范和包装标识技术规范，统一标准依据、工作流程、技术要点等工作要求，指导全国名特优新农产品的营养品质评价鉴定、全程质量控制和包装标识等工作科学规范开展。

第二章

名特优新农产品申报

第一节　制度规范

全国名特优新农产品，是指在特定区域（原则上以县域为单元）内生产、具备一定生产规模和商品量、具有显著地域特征和独特营养品质特色、有稳定的供应量和消费市场、公众认知度和美誉度高并经农业农村部农产品质量安全中心登录公告和核发证书的农产品。

一、工作要求

（一）工作依据

《全国名特优新农产品名录收集登录规范》。

（二）产品范围

名特优新农产品，包括种植业和养殖业产品及其产地初加工产品。

（三）管理机构

农业农村部农产品质量安全中心负责全国名特优新农产品名录

收集登录工作；上海市农产品质量安全中心负责上海市名特优新农产品登记审查与确认；上海市各区农业农村委农产品质量安全工作机构（以下简称区级工作机构）负责对域内申请产品的推荐和初审。

（四）工作原则

坚持"自愿申请、自主评价、自我管理"和公益服务原则。全国名特优新农产品名录收集登录的申请随时受理，农业农村部农产品质量安全中心经确认后每季度公布一次。

二、申请流程

（一）全国名特优新农产品申请流程

全国名特优新农产品申请遵循逐级上报的原则，申请流程如下。

（1）由县域为单元提出申请，经县级人民政府确认的县级名特优新农产品主管机构（单位）作为名录登录申请主体。其名特优新系统登录账号信息是由上一级市级机构分配的，登录系统后的主要工作集中为产品申报、委托评价鉴定机构检测、年度确认和产品注销，具体业务流程如图 2-1 所示。

（2）地市级农业农村部门农产品质量安全（优质农产品）工作机构（以下简称地市级工作机构）负责对本地区、本行业申请产品和推荐的主要生产经营主体的真实性和可靠性进行确认，提出确认意见并加盖地市级工作机构印章，同时在电子信息系统填写确认意见。

地市级工作机构其名特优新系统登录账号信息是由上一级省级机构分配的，登录系统后的主要工作集中为产品申报、年度确认和产品注销，具体业务流程如图 2-2 所示。

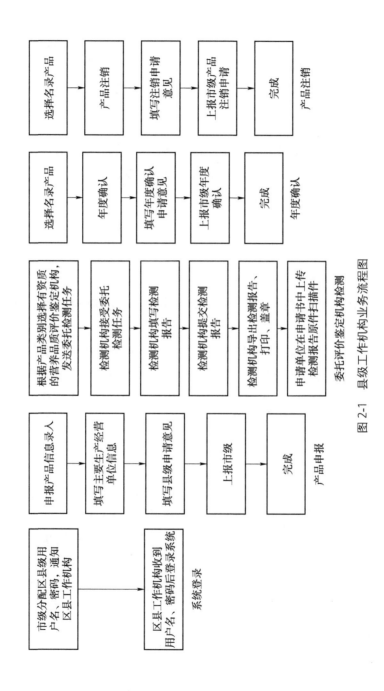

图 2-1 县级工作机构业务流程图

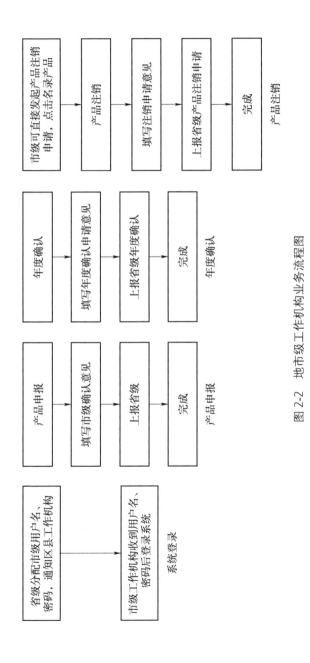

图 2-2　地市级工作机构业务流程图

系统登录

省级分配市级用户名、密码，通知区县工作机构 → 市级工作机构收到用户名、密码后登录系统

产品申报

产品申报 → 填写市级确认意见 → 上报省级 → 完成

年度确认

年度确认 → 填写年度确认申请意见 → 上报省级年度确认 → 完成

产品注销

市级可直接发起产品注销申请，点击产品名录产品 → 产品注销 → 填写注销申请意见 → 上报省级产品注销申请 → 完成

（3）省级农业农村部门农产品质量安全（优质农产品）工作机构（以下简称省级工作机构）负责对本地区、本行业申请产品和推荐的主要生产经营主体的符合性和代表性进行确认，提出确认意见并加盖省级工作机构印章，同时在电子信息系统填写确认意见。

省级工作机构其名特优新系统登录账号信息是由上一级部级机构分配的，登录系统后的主要工作集中为产品申报、年度确认和产品注销，具体业务流程如图 2-3 所示。

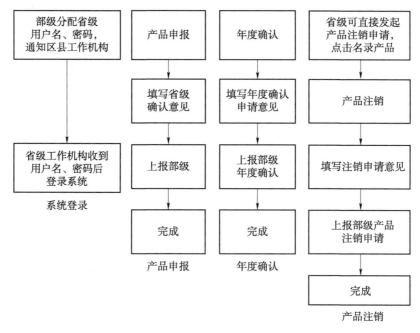

图 2-3　省级工作机构业务流程图

（4）营养品质评价鉴定机构在接受委托任务后，评价鉴定的业务流程如图 2-4 所示。

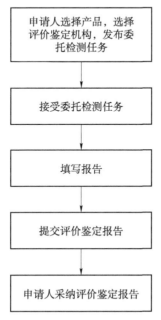

图 2-4　营养品质评价鉴定业务流程图

（5）农业农村部农产品质量安全中心负责对全国名特优新农产品名录申请材料完整性和产品地域独特性进行审查，组织专家进行技术确认，提出审定意见。

（二）上海名特优新农产品申请流程

上海市为直辖市，行政级别同一般省市不同，因此流程也有所不同。上海市申请名特优新农产品申请流程如图 2-5 所示。

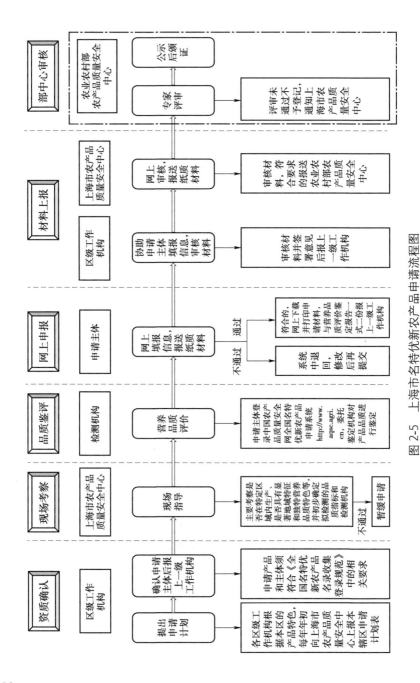

图 2-5　上海市名特优新农产品申请流程图

第二节　资质确认

一、申报主体

申请全国名特优新农产品名录登录的主体为镇级及以上农业主管部门根据下列条件择优确定的事业单位、技术推广部门、行业协会等组织。

（1）具有监督和管理名特优新农产品标志及其产品质量的能力。

（2）具有指导名特优新农产品生产、加工、营销的能力。

（3）具有宣传和推广名特优新农产品的能力。

二、产品要求

申请全国名特优新农产品名录登录的产品应符合以下要求。

（1）产品名称由地理区域名称和农产品通用名称构成。

（2）产品为种植业和养殖业产品及其产地初加工产品。

（3）产品具有一定公众认知度，具备独特营养品质特色，产品质量优良、美誉度高，具有创新性。产品品质和特色主要取决于独特的自然生态环境和人文历史因素。

三、申请基本条件

（1）生产规模和商品量符合《全国名特优新农产品名录收集登录生产规模要求》（见表 2-1）。

（2）应依托龙头骨干生产经营主体引领带动。主要生产经营单位不多于 10 个。

（3）生产经营主体应制定产品全程质量控制措施，形成可追溯的记录文件，在国家追溯管理平台及相关管理平台注册登记。

（4）应有注册商标，实行品牌化经营。

（5）产地环境符合国家相关技术标准规范要求，产品符合食品安全相关标准要求，近3年来未出现过重大农产品质量安全问题。

表 2-1　全国名特优新农产品名录收集登录最小生产规模

行业类别	产品类别	生产规模
种植业	粮油作物	650 hm² 以上
	露地蔬菜	100 hm² 以上
	设施蔬菜	50 hm² 以上
	茶叶	500 hm² 以上
	大宗果品	200 hm² 以上
	特色果品	100 hm² 以上
	食用菌	50 hm² 以上
	中药材	100 hm² 以上
	其他小品种	50 hm² 以上
畜牧业	蛋鸡、蛋鸭 / 年存栏	30 000 羽以上
	肉鸡、肉鸭 / 年出栏	100 000 羽以上
	生猪 / 年出栏	10 000 头以上
	肉牛 / 年出栏	2 000 头以上
	肉羊 / 出栏	10 000 只以上
	奶牛、奶羊 / 存栏	2 000 头以上
	其他奶畜 / 存栏	600 头以上
	蜂产品	10 000 群以上
	其他小品种	禽类 10 000 羽 畜类 1 000 头
渔业	鱼、虾、蟹、贝类、藻类	10 t 以上
	其他小品种	5 t 以上

注：上海因农业用地较少，申报规模视实际情况而定。

第三节　现场考察

一、工作依据

按照《全国名特优新农产品名录收集登录规范》规定，市级农业农村部门农产品质量安全（优质农产品开发服务）工作机构负责对本地区、本行业、本系统申请产品和推荐的主要生产经营主体的符合性和代表性进行确认，提出确认意见。

工作目的为通过现场考察，初步确认申报产品和经营主体的产地环境、质量管理体系、生产过程、产品质量、知名度及品牌战略措施等的符合性。

二、考察程序

（一）考察准备

（1）委派考察组。上海市农产品质量安全中心根据申请产品类别，委派至少 2 名工作人员，必要时可邀请相应领域的技术专家，组成考察组。

（2）确定考察时间。上海市农产品质量安全中心与申请单位沟通确认现场考察时间，考察宜安排在申请产品内外在品质特征显著时段进行。

（3）确定现场考察计划。检查组审阅申请人的申请材料，根据市级工作机构派发的《名特优新农产品现场考察通知书》（表 2-2）确定检查的要点，考察组对考察工作内容进行分配。

（4）通知申请人。在现场检查日期 3 个工作日前将《名特优新农产品现场考察通知书》发送给申请主体，请申请主体做好各项准备，配合现场考察工作，并在回执单（表2-3）签字确认。

（二）考察流程

现场考察包括首次会议、实地检查（包括环境调查）、查阅文件（记录）、随机访问和总结会5个环节，其中查阅文件（记录）、随机访问2个环节贯穿现场检查的始终。

（1）首次会议。首次会议由考察组组长主持，申请主体所在区主管部门、申请主体负责人及相关人员参加。考察组向申请主体明确考察目的、依据、内容、考察场所及时间安排等。申请主体介绍产品特色品质、龙头企业带动模式、质量控制、品牌宣传等情况，会议以汇报、交流方式展开。

（2）实地检查。在产品生产单位现场核实申报产品信息的真实性，查看产地环境状况和质量控制措施落实情况，考察龙头企业和主要生产单位的带动效应，产品品质特点，评估申报产品申请名特优新农产品的符合性。

（3）随机访问。通过对农户、生产人员、技术人员等进行访问，核实申请主体生产过程中相关制度规范和技术标准的落实情况。

（4）查阅文件、记录。通过查阅文件了解申请主体对名特优新农产品全程质量控制措施及确保产品质量的能力。

（5）总结会。考察组通过内部沟通形成现场考察意见后，组织召开总结会，参会人员填写会议签到表。检查组长向申请人通报现场考察意见及事实依据。申请人可对现场检查意见进行解释和说明，最终形成考察意见，对申请产品名称、需测定的营养品质鉴定指标等进行明确，并由申请人确认。

（三）考察完成

（1）考察组现场依据《名特优新农产品现场考察评分表》

（表2-4），对产地环境、质量管理体系、生产过程、产品质量、知名度及品牌战略措施等方面情况符合性进行打分评价。

（2）现场填写《名特优新农产品现场考察意见通知书》（表2-5）。现场考察合格，依据通知书委托全国名特优新农产品营养品质评价鉴定机构进行营养品质鉴定；现场考察不合格，本生产周期内不再受理该单位的申请。

三、考察要点

考察组对照《全国名特优新农产品名录收集登录规范》要求，根据材料描述，对申报产品生产规模、经营、管理情况和产品品质的真实性和可靠性等一一现场确认，重点考察以下方面。

（1）真实性。在现场首先要对申报产品的区域、环境、产业发展等概况进行察看，看产品申报区域、种植产品种类是否真实；看周边环境是否良好；看产品的相关描述是否真实客观；看生产经营情况是否属实等。

（2）符合性。对相关的资质证明原件进行审查，审查相关的土地合同是否满足、生产经营单位资质证明是否合规、产品相关生产经营记录是否完整、提供的奖励证书等是否真实等。

（3）可行性。对涉及申报的项目逐一向申请单位、生产经营单位、当地群众询问。①询问申请单位对产品区域范围、生产历史、特质特征的了解和认识；②询问生产经营单位对产品生产经营、发展规划、特色挖掘的具体措施和做法；③询问消费者和群众对申报产品的了解和市场占有情况。通过质询，进一步评估其申报信息的准确性、可靠性以及收集此产品申报全国名特优新农产品名录的可行性。

表 2-2

名特优新农产品现场考察通知书

＿＿＿＿＿＿＿＿＿＿＿：

你单位网上提交的申请材料（**初次申请□   年度确认申请□**）审查合格，按照《全国名特优新农产品名录收集登录规范（2020 年版）》的相关规定，计划于近期（＿＿＿＿＿年＿＿＿月＿＿＿日）对你单位申请名特优新农产品生产实施现场考察，现通知如下：

1. 考察目的

考察申请产品的产地环境、质量管理体系、生产过程、产品质量等是否符合名特优新农产品的相关要求。

2. 考察依据

《全国名特优新农产品名录收集登录规范（2020 年版）》等相关要求。

3. 考察内容

依据《名特优新农产品现场考察评分表》，主要对产地环境、质量管理体系、生产过程、产品质量、知名度及品牌战略措施等方面进行考察。

4. 考察组成员

考察组成员由具备名特优新农产品相关方面工作能力的市或区级工作人员组成，至少 2 名考察员。

5. 现场考察安排

考察组将依据《全国名特优新农产品名录收集登录规范（2020 年版）》安排首末次会议、环境调查、现场考察、投入品和产品仓库查验、档案记录查阅、生产技术人员现场访谈等，请你单位主要负责人、主要生产经营主体、生产管理负责人等陪同检查。

6. 保密

考察组承诺在现场考察过程及结束之后，除国家法律法规要求外，未经申请人书面许可，不得以任何形式向第三方透露申请人要求保密的信息。

7. 申请人确认回执

如你单位对上述事项无异议，请填写确认回执单后传真、扫描或邮寄至我中心。如有异议，请及时与我单位联系。

联系人：

传真号：

联系电话：

地址：

上海市农产品质量安全中心

年　　月　　日

注：该通知书上海市农产品质量安全中心、区级工作机构和申请人各一份。

表 2-3

现场考察确认回执单

我单位_____已收到《名特优新农产品现场考察通知书》，对内容无异议，特此回执。

联系人：   联系电话：

负责人（签字）：   申请单位（盖章）

                                 年   月   日

注：该回执单请传真、扫描或邮寄至上海市农产品质量安全中心。

表 2-4

名特优新农产品现场考察评分表

所 在 区：＿＿＿＿＿＿＿＿ 主要经营单位：＿＿＿＿＿＿＿＿＿＿

申 请 产 品：＿＿＿＿＿＿＿＿ 生 产 规 模：＿＿＿＿＿＿＿＿＿＿

企业负责人：＿＿＿＿＿＿＿＿ 企业名称：（盖章）＿＿＿＿＿＿＿＿

序号	项目	考察要求	分值	得分	备注
1	产地环境 （20分）	生态环境良好	5分		
		避开工业、生活垃圾场、医院、工厂等污染源	5分		
		场容场貌良好	5分		
		空气、土壤、水满足一定的标准，有检测报告	5分		
2	质量管理体系 （20分）	营业执照、商标注册证等资质齐全合法	5分		
		机构、人员岗位职责、质量安全管理制度文件完善	5分		
		生产操作规程易于获取，且参照落实	5分		
		定期组织人员参加培训，提升专业技能	5分		
3	生产过程 （20分）	种源来源正规稳定	5分		
		投入品：农药、肥料或饲料、添加剂等符合要求	5分		
		生产、采购、检验记录档案完整	5分		
		通过质量管理体系：如 ISO 9000 认证、绿色食品、地理标志农产品等	5分		

（续表）

序号	项目	考察要求	分值	得分	备注
4	产品质量（20分）	产品外在特征明显	5分		
		产品有突出稳定的内在特征	5分		
		产品工艺流程设备齐全，可保证产品特性	5分		
		进行产品特性指标检测，有检测报告	5分		
5	知名度（10分）	本地消费者知晓程度较高、市场销售路径较多，市场销售额，占比率等较高	5分		
		荣获国家级或省市级产品类或其他类别奖项	5分		
6	品牌战略措施（10分）	长期参加各类展会，提升产品品牌	5分		
		有中长期战略规划	5分		

考察员（签字）：_____　　考察时间：_____　　总得分：_____

表 2-5

名特优新农产品现场考察意见通知书

_____：

根据考察组的现场考察情况，现将考察意见通知如下：

□现场考察合格，请持本通知书委托全国名特优新农产品营养品质评价鉴定机构进行营养品质鉴定。

建议：1. 申请产品名称：

2. 营养品质鉴定指标：

3. 其他：

□现场考察不合格，本生产周期内不再受理你单位的申请。

原因：

考察员（签字）：_____

申请单位负责人（签字）：_____

被考察的主要经营单位负责人（签字）：_____

年　　　月　　　日

第四节　品质鉴评

一、鉴评程序

（一）调查分析

1. 文献调查

收集待评价产品相关标准、《食物营养成分表》和《中国居民膳食营养素参考摄入量》中营养品质指标，近年生产部门和检测机构对相关产品营养品质监测数据和资料、国内外权威杂志关于相关产品营养品质评价研究进展的报道，相关品种的审定（认定）结论等。

2. 现场调查

了解待评价产品的生产环境、产品品种、生产方式、品质特征、投入品使用、最佳采收期、最佳品质期、质量管控措施等内容。调查生产、收购、销售、消费等环节现有评价标准使用现状，及对待评价产品营养品质评价鉴定、分等分级的关注点和需求方向。

（二）取样与样品处理

1. 取样要求

（1）取样单位。由全国名特优新农产品营养品质评价鉴定机构进行现场取样，或由区级农业农村行政主管部门进行取样。

（2）取样原则。采用随机性、代表性、可行性、公正性的抽样原则，整批产品中每一个体是否被选取的概率是完全均等的。

（3）取样时间。取样时间应在该类产品的最佳品质期内。最佳品质期的确定，根据不同产品在其生产区域的成熟期来确定，一般选择在全面采收期进行，避免样品过生或过熟的极端化情况，并尽量为晴天。

2. 取样数量

根据待评价产品生产区的地形、地势及作物的分布情况、种植品种等合理选择3～5个生产点作为取样单元，需覆盖产品所代表的区域、品种。每个取样单元内根据实际情况采用合理方式设置取样点，随机抽取该范围内的产品作为被检样品。

3. 送样要求

认真填写抽样单，保证样品的真实完整性；抽样时不得将待抽样品和已抽样品进行任何处理；抽样后在现场按每个样品采集数量将样品平均分成2份寄到送检单位。

（1）样品包装。用清洁干燥的塑料袋包装，外附标签，标签上注明采样时间、样品名称及重量、采样人签字等信息，畜产品需同时注明是热鲜肉、冷鲜肉还是冷冻肉。用胶带密封标签防止浸水字体模糊。

（2）样品保存及送样。抽取的样品，放入样品袋，封口，编号。根据产品的储藏和保质期要求在常温或冷藏设备中储藏、封样，并填写送样单，在48小时内运送至相应的品质评价鉴定机构。

二、样品鉴定评价

（一）评价指标

1. 评价指标的分类

评价指标分为感官品质指标和营养品质指标，评价时两者并重。

（1）感官品质指标。包括产品的大小、重量、形状、色泽、香味、甜度、酸度、苦味程度、涩味程度、鲜嫩程度、整齐度等。

（2）营养品质指标。包括宏量营养素、微量营养素、水分、粗纤维、维生素、蛋白质、脂肪酸等。

2. 评价指标的确定

（1）感官品质评价指标的确定。参考产品标准等对感官品质的评价描述进行确认。

（2）营养品质评价指标的确定。名特优新农产品营养品质评价指标选择，主要以突出产品特色、优质的产品特性为主要原则，根据产品用途，选择3～5项基本指标和1～2项特征指标作为该产品的评价指标。如有特殊情况也可增加，推荐指标详见本章第二节。

（二）评价步骤

先对样品进行感官品质和营养品质鉴定，将鉴定结果对照相应评价指标进行感官和营养品质的单项评价，结合两部分的评价对产品特征品质提出明确具体意见，获得综合评价意见。

1. 感官品质鉴定

（1）鉴定方法。通过人的感觉器官（视觉、味觉、嗅觉、触觉、听觉）感知或仪器测量产品的形状、颜色、色泽、气味、重量、口感、滋味等特征。具体方法如下。

形状：纵、横径之比来确定果形指数，也可用模型通过法和形状对照法来确定形状特征。

大小：目测方法或用测径仪（游标卡尺）测量。

重量：手掂估测法或直接称重。

颜色：常采用目测法等，观察蔬菜的本体颜色或用色度计测量。

气味：采用嗅觉感受。

口感：品尝感受鲜食或蒸煮后的产品口感特征。

苦味程度：品尝感受或使用液相色谱仪、液相质谱仪进行测定。

鲜嫩程度：目测或用掐和捏等方式，压力计的测定结果也可以作为鲜嫩度的表征。

整齐度：目测方法。

（2）感官评价。根据感官品质鉴定结果，进行产品感官品质评价。描述以正面描述为主，避免采用"无病斑"等否定性术语。外形、颜色等评价应涵盖产品外表和内瓤的特征，口感评价应包括生食和熟食状态下的特征。常用描述语举例如下。

大米颗粒饱满均匀，呈锐尖纺锤形，长粒，米黄色，半透明，无光泽，垩白非常少，有较浓的米香。

黄瓜瓜条笔直整齐，膨大充分，瓜皮柔嫩，内瓤少籽多汁，外观新鲜，光泽度高，味道清新。

2. 内在营养品质鉴定

（1）鉴定方法。鉴定方法应首选国家标准、行业标准；当无相关标准方法时，可使用国际组织推荐的方法，如国际食品法典委员会 CODEX、美国分析化学家协会 AOAC 等；以上方法都没有的情况下，可以选择权威杂志发表的文献方法，但应经方法学研究确认以及实验室间对比验证。

（2）鉴定结果。根据内在营养品质鉴定方法对选定的营养品质参数进行鉴定，获得鉴定结果。

（3）单项评价。样品的一般营养品质鉴定结果可对照《中国食物成分表》中同类产品的指标值进行比较，也可用品种审定参数值以及相关标准、文献、综述等其他可引用的数值作为参照值，参照值可以是范围值也可以是绝对值。结论可参考采用：大于、小于、高于、低于、等于、优于等评价性描述。

样品的特征品质鉴定结果如果缺乏相应的评价指标值，可收集市场同类样品，与鉴定结果进行比较，得出对照结论；也可以对特殊品质鉴定结果进行客观描述，如果该特殊营养素经研究证实对人体具有确切的保健功能，也可进行营养成分功能说明。

三、结果研判与报告

（一）结果会商研判

依据产品感官、营养品质指标评价结果，结合产品的基本信息、感官品尝得分（必要时），品质评价鉴定机构技术委员会或不少于 3 名评鉴员对结果进行会商、分析，确定评价鉴定结论。

（二）评价鉴定报告

1. 评价鉴定结论用语

评价鉴定结论用语应简洁、规范。通常使用"该产品在 ×× 区域范围内在其独特的生产环境下，具有 ××××（感官）、××××（品质营养）、××××（特殊品质）等特征，具有全国名特优新农产品的独特营养品质特征。"

2. 出具评价鉴定报告

鉴定机构应当根据鉴定结果及时在全国名特优新农产品名录申报系统中填写全国名特优新农产品营养品质评价鉴定报告，并通过系统将全国名特优新农产品营养品质评价鉴定报告导出打印后签字盖章。鉴定报告一式三份，一份交由申请人随申报材料上报，另外两份分别由申请人、鉴定机构留存。

（三）复鉴

鉴定机构对鉴定结果和出具的报告负责。申请人对鉴定结果有异议的，可以自收到鉴定报告之日起 15 日内向鉴定机构提出书面复鉴申请。

四、常见农产品营养品质推荐鉴定指标

本节列出了常见农产品营养品质推荐鉴定指标，仅供参考，实际鉴定指标根据产品具体情况可以调整或者增补。其他产品营养品质鉴定指标可参考《关于印发蔬菜果品等 17 个全国名特优新农产品营养品质评价鉴定规范的通知》中相关内容进行。

（一）粮食类

常见粮食作物产品营养品质推荐鉴定指标见表 2-6。

表 2-6 常见粮食作物产品营养品质推荐鉴定指标

类别	产品名称	一般营养品质指标	特征品质指标
稻谷	籼米、粳米、红米、黑米	直链淀粉；胶稠度；碱消值；透明度；垩白度	蛋白质；脂肪；花色苷；香气；锌、铁等人体必需元素；维生素等营养指标
小麦	小麦	面团稳定时间；湿面筋；粗蛋白	出粉率；沉降数值；硬度指数；吸水率；延伸性；最大拉伸阻力；锌、铁等人体必需元素；维生素等营养指标
玉米	玉米	总淀粉；脂肪；蛋白质	粗纤维；赖氨酸；直链淀粉含量（糯玉米）；膨化倍数；爆花率；可溶性糖；锌、铁等人体必需元素；维生素等营养指标
薯类	马铃薯、甘薯、木薯	总淀粉；蛋白质；干物质；还原糖	粗脂肪；粗纤维；胡萝卜素；香味；甜度；氢氰酸；胡萝卜素；花青素；维生素 C

（续表）

类别	产品名称	一般营养品质指标	特征品质指标
禾谷类杂粮	小米、黍米、稷米、高粱、大麦、燕麦、荞麦、薏米、黑麦	直链淀粉；总淀粉；脂肪；蛋白质、粗纤维	β-葡聚糖含量；锌、铁等人体必需元素；维生素等营养指标
干豆类杂粮	绿豆、赤豆、蚕豆、豌豆、木豆、芸豆	总淀粉；脂肪；蛋白质	氨基酸态氮；维生素等营养指标

（二）果品类

部分果品的感官品质评价参考指标见表 2-7。

表 2-7　部分果品的感官品质评价参考指标

感官指标		果品举例
色泽	果实颜色	草莓、枸杞、蓝莓、梨、李、猕猴桃、苹果、葡萄、葡萄干、沙棘、山楂、柿、柿饼、树莓、穗醋栗、桃、杏、樱桃、枣、红枣等
	果肉颜色	草莓、蓝莓、梨、李、猕猴桃、苹果、葡萄、沙棘、山楂、柿饼、树莓、穗醋栗、桃、杏、樱桃、枣等
	果汁颜色	草莓、葡萄
	果心颜色	猕猴桃
	种子颜色	猕猴桃
	坚果颜色	板栗、扁桃、核桃、银杏、榛
	颜色均匀度	板栗、核桃、葡萄干、银杏
	种皮颜色	榛
	核仁颜色	扁桃
	果实被毛色泽	猕猴桃

感官指标		果品举例
色泽	果点颜色	山楂
形态	果实对称性	杏
	果实形状	枸杞、蓝莓、苹果、沙棘、山楂、柿饼、树莓、穗醋栗、杏、枣、红枣、榛等
	整齐度	扁桃、李、杏、枣
	均匀度	板栗、核桃、红枣、葡萄干、银杏
	果锈	苹果
	果点	猕猴桃、苹果、山楂、杏、枣
	被毛、茸毛	猕猴桃、杏、榛
	饱满度	榛、葡萄干、红枣
	果肉中褐/黑斑	柿
	果肉厚薄	红枣
	果心大小	梨、猕猴桃、苹果
	果心截面形状	猕猴桃
	果皮厚度	蓝莓、葡萄、沙棘、穗醋栗、枣
	果仁空心度	榛
	核壳有无	枣
	核壳厚度	扁桃、榛
	柿霜	柿饼
风味	风味	扁桃、草莓、枸杞、核桃、蓝莓、梨、李、猕猴桃、苹果、葡萄干、沙棘、山楂、柿、树莓、穗醋栗、桃、杏、樱桃、枣、榛等
	坚果熟食口味	板栗
	涩味	梨、李
	果皮涩味	葡萄
	种仁口感	银杏

（续表）

感官指标		果品举例
风味	异味	苹果、葡萄干、杏、枣等
质地	果皮剥离难易	李、桃
	果肉粗细	苹果、树莓、枣
	纤维	李、桃、杏
	果肉质地	草莓、蓝莓、梨、李、苹果、葡萄、葡萄干、柿、柿饼、沙棘、山楂、树莓、穗醋栗、桃、杏、枣、红枣等
	果肉汁液	梨、李、苹果、葡萄、柿、桃、杏、枣等
	种仁糯性	银杏

（三）蔬菜类

常见蔬菜产品营养品质推荐鉴定指标见表 2-8。

表 2-8 常见蔬菜产品营养品质推荐鉴定指标

类别	蔬菜名称	一般营养品质指标	特殊营养品质指标
根茎类	包括根类、茎类、薯芋类、鳞茎类、水生类：萝卜、胡萝卜、根甜菜、根芹菜、根芥菜、姜、菊芋、辣根、芜菁、桔梗、草石蚕、鱼腥草、薤头、蕨菜、芦笋、莴笋、朝鲜蓟、大黄、茎芥菜、马铃薯、甘薯、山药、牛蒡、木薯、豆薯、芋头、葛根、魔芋、莲藕、荸荠、慈姑、蒜、洋葱、薤、葱、青蒜、蒜薹、韭葱、百合等	维生素C、干物质、还原糖、淀粉、蛋白质、可溶性糖、总酸	胡萝卜素、大蒜素等特殊品质指标；锌、硒等元素

（续表）

类别	蔬菜名称	一般营养品质指标	特殊营养品质指标
叶菜类	包括叶菜类、芸薹属类、水生类：菠菜、普通白菜（小白菜、油菜、青菜）、苋菜、蕹菜、茼蒿、大叶茼蒿、叶用莴苣、结球莴苣、苦苣、野苣、落葵、油麦菜、叶芥菜、萝卜叶、芜菁叶、菊苣、芹菜、小茴香、球茎茴香、大白菜、结球甘蓝、紫甘蓝、球茎甘蓝、抱子甘蓝、赤球甘蓝、羽衣甘蓝、水芹、豆瓣菜、茭白、蒲菜、冬寒菜、罗勒、紫苏、紫背天葵、韭菜、韭黄、蒜苗、龙须菜、菊花脑、人参菜、黄秋葵、富贵菜、红薯叶、紫背菜、香椿、贡菜、芥蓝、菜心、荠菜、茴香、马齿苋、莼菜、苜蓿、海带、紫菜、海白菜、芫荽、薹菜等	干物质、水分、维生素 C、粗纤维素、蛋白质、可溶性糖、矿质元素	类胡萝卜素、花青素、叶绿素等特殊品质指标
花菜类	包括头状花序芸薹属、其他类：花椰菜、青花菜、黄花菜、韭菜花等	干物质、蛋白质、粗纤维素、维生素 C	类胡萝卜素、矿质元素等特殊品质指标；锌、硒等元素
果菜类	包括茄果类、瓜类、豆类：番茄、樱桃番茄、茄子、辣椒、甜椒、黄秋葵、酸浆、黄瓜、西葫芦、节瓜、苦瓜、丝瓜、线瓜、瓠瓜、冬瓜、南瓜、笋瓜、番木瓜、佛手瓜、菜瓜、蛇瓜、越瓜、白瓜、西瓜、甜瓜、豇豆、菜豆、食荚豌豆、四棱豆、扁豆、刀豆、利马豆、菜用大豆、蚕豆、豌豆、青豆、鹰嘴豆、眉豆、菱角、芡实等	维生素 C、水分、总酸、蛋白质、粗纤维素、可溶性糖、可溶性固形物	辣椒素、番茄红素等特殊品质指标；锌、硒等元素

（续表）

类别	蔬菜名称	一般营养品质指标	特殊营养品质指标
芽菜类	绿豆芽、黄豆芽、萝卜芽、苜蓿芽、花椒芽、香椿芽等	干物质、维生素C、粗纤维	叶绿素等特殊品质指标；锌、硒等元素
其他	竹笋、仙人掌、玉米笋、干豇豆、萝卜干等	干物质、维生素C、蛋白质、粗纤维	锌、硒等矿质元素

（四）食用菌类

常见食用菌产品营养品质推荐评价指标见表 2-9。

表 2-9　常见食用菌产品营养品质推荐评价指标

名称	一般营养品质指标	特殊营养品质指标
香菇	蛋白质、多糖、膳食纤维、维生素 D、钙、磷	麦角甾醇、香菇素、香菇嘌呤
金针菇	蛋白质、多糖、膳食纤维、赖氨酸、精氨酸、锌、维生素 B_2	牛磺酸、麦角甾醇、朴菇素
双孢蘑菇	蛋白质、多糖、膳食纤维、赖氨酸	蘑菇氨酸、5'-鸟苷酸、5'-肌苷酸
草菇	蛋白质、多糖、膳食纤维、维生素 C、磷、钾、钙	麦角甾醇、海藻糖
黑木耳、毛木耳	蛋白质、多糖、膳食纤维、铁、维生素 K	植物胶质、黑木耳素、卵磷脂、脑磷脂、鞘磷脂
银耳	蛋白质、多糖、膳食纤维、维生素 D、钙、铁、脯氨酸	海藻糖、甘露醇、植物胶质、麦角甾醇
金耳	蛋白质、多糖、膳食纤维、磷、铁	
平菇	蛋白质、多糖、膳食纤维、维生素 B_2、维生素 B_6、维生素 C、硒	平菇素

（续表）

名称	一般营养品质指标	特殊营养品质指标
榆黄蘑	蛋白质、多糖、膳食纤维、钾、磷、镁、谷氨酸、赖氨酸、精氨酸	尿嘧啶、甘露醇、β-吡啶甲酸、延胡索酸
杏鲍菇	蛋白质、多糖、膳食纤维、赖氨酸、精氨酸、维生素C	甘露醇
鸡腿菇	蛋白质、多糖、膳食纤维	海藻糖、鸡腿菇素
茶薪菇	蛋白质、多糖、膳食纤维、蛋氨酸	
姬松茸	蛋白质、多糖、膳食纤维	麦角甾醇
大球盖菇	蛋白质、多糖、膳食纤维、磷、维生素C	牛磺酸、组胺、乙醇胺、胆碱
真姬菇	蛋白质、多糖、膳食纤维、维生素C	胆碱
长根菇	蛋白质、多糖、膳食纤维、硒、维生素C、赖氨酸、精氨酸	朴菇素、牛磺酸
绣球菌	蛋白质、多糖、膳食纤维、维生素C、维生素E	β-葡聚糖
滑菇	蛋白质、多糖、膳食纤维、钙、镁、铁、磷	
鲍鱼菇	蛋白质、多糖、膳食纤维、维生素B_1、维生素B_2、维生素B_3、钙、磷、镁	
蜜环菌	蛋白质、多糖、膳食纤维、维生素A	D-苏来醇、麦角甾醇、甘露醇
猴头菇	蛋白质、多糖、膳食纤维、维生素C	麦角甾醇、猴头菌素、猴头菌酮
白灵菇	蛋白质、多糖、膳食纤维、维生素D、钾、磷	
牛肝菌	蛋白质、多糖、膳食纤维、钾、维生素B_2	牛肝菌素、麦角甾醇
竹荪	蛋白质、多糖、膳食纤维、维生素B_2、锌、铁、硒	凝集素

（续表）

名称	一般营养品质指标	特殊营养品质指标
羊肚菌	蛋白质、羊肚菌多糖、膳食纤维、钾磷、钙、锌、铁、硒、维生素 B_1、维生素 B_2、维生素 B_{12}、叶酸	γ-氨基丁酸、麦角硫因、吡喃酮抗生素
灰树花	蛋白质、多糖、膳食纤维、维生素 B_1、维生素 E	麦角甾醇
蛹虫草	蛋白质、多糖、膳食纤维	虫草酸、虫草素、腺苷
灵芝	蛋白质、灵芝多糖、膳食纤维	灵芝三萜类
茯苓	蛋白质、多糖、膳食纤维	茯苓三萜
猪苓	蛋白质、多糖、膳食纤维	猪苓葡聚糖Ⅰ、甾酮、α-羟基二十四碳酸

（五）畜牧类

常见畜禽产品营养品质评价鉴定参考指标见表 2-10、表 2-11。

表 2-10　常见畜产品营养品质评价鉴定参考指标

畜产品种类	一般指标（可选 3 项）	特性指标（可选 1~2 种）
猪肉	肌内脂肪、氨基酸、蛋白质、脂肪酸、挥发性盐基氮、B 族维生素、剪切力、汁液流失等	胆固醇、维生素 A、钙、硒、铁、锌、维生素 E 等
牛肉	肌内脂肪、氨基酸、蛋白质、脂肪酸、挥发性盐基氮、B 族维生素、大理石花纹、剪切力、汁液流失等	胆固醇、维生素 A、钙、硒、铁、锌、维生素 E 等
羊肉	肌内脂肪、氨基酸、蛋白质、脂肪酸、挥发性盐基氮、B 族维生素、剪切力、汁液流失等	胆固醇、维生素 A、钙、硒、铁、锌、维生素 E 等

（续表）

畜产品种类	一般指标（可选3项）	特性指标（可选1~2种）
兔肉	肌内脂肪、氨基酸、蛋白质、胆固醇、脂肪酸等	钙、硒、铁、锌、维生素E等
其他畜产品	肌内脂肪、氨基酸、蛋白质、胆固醇、脂肪酸等	钙、硒、铁、锌、维生素E等

表2-11　常见禽类产品营养品质评价鉴定指标

禽产品种类	常规品质营养指标	特性指标
禽肉	嫩度、系水力、蛋白质、肌内脂肪、氨基酸、脂肪酸、维生素A、维生素E等	肌苷酸、铜、铁、硒、锌、皮脂率（肉鸭）等
禽蛋	蛋黄比率、哈氏单位、蛋壳强度，蛋白质、脂肪、脂肪酸、氨基酸、维生素A、维生素E等	卵磷脂、胆固醇、铜、铁、硒、锌等

（六）水产类

常见淡水产品营养品质评价鉴定指标见表2-12。

表2-12　常见淡水产品营养品质评价鉴定指标

产品种类	营养指标	营养指标细分
鱼虾蟹等淡水产品	蛋白质	粗蛋白、水解氨基酸、游离氨基酸
	脂质	粗脂肪、游离脂肪酸、脂肪酸
	碳水化合物	
	维生素	维生素A、维生素B_1、维生素B_2、维生素B_6等
	矿物质	锌、铜、硒、铁、钙、镁等
	水分	
	其他	虾青素、土味素、胶原蛋白等

第五节　网上填报

全国名特优新农产品名录收集登录申请工作实行网上电子信息和纸质材料并行。网上信息登录通过中国农产品质量安全网全国名特优新农产品申报系统（http：//www.aqsc.agri.cn）。该信息登录工作平台，可实现区级、市级、部级协同申请、确认，实现全国名特优新农产品名录的辅助信息管理工作。

一、网上操作概述

根据上海市行政区划情况，全国名特优新农产品名录收集登录信息系统在上海的服务对象为镇级、区级、市级工作机构。

（一）镇级工作机构

镇级人民政府确认的镇级名特优新农产品主管机构（单位）作为名录登录申请主体。

（二）区级工作机构

区级农业农村部门农产品质量安全工作机构。区级确认的全国名特优新农产品名录收集登录申请主体。

（三）市级工作机构

上海市农产品质量安全中心。

二、操作指南

为确保系统各项功能正常使用，推荐各级工作机构使用360浏览器极速模式。

（一）系统登录

方式一：打开"农业农村部农产品质量安全中心"网站，点击右侧"全国名特优新农产品名录"链接进入，如图 2-6 至图 2-9所示。

方式二：在浏览器中直接输入网址：http：//aqsc.org.cn/mtyx。

注意：区镇级用户账户、密码由市级工作机构统一分配，没有账户或忘记账户、密码，请与市级工作机构联系重置，或与技术支持（QQ、工作电话）联系。

用户登录下方有"关于探索开展全国名特优新农产品名录收集登录工作的通知""省、市级用户手册""县（区）级用户手册"链接，各级用户可以点击进入浏览。

图 2-6

图 2-7

图 2-8

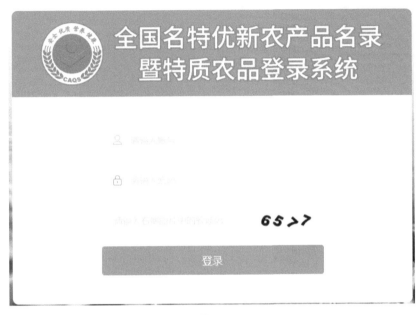

图 2-9

（二）通知通告

点击左侧"系统菜单"下的【通知公告】可查看通知公告信息，点击标题链接可以浏览详细信息。如图 2-10 所示。

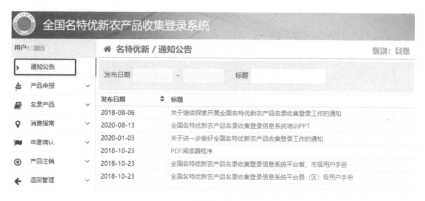

图 2-10

（三）产品申报

点击【产品申报】→【申报管理】→【添加申请表】，进入申报信息填写页面，填写完成后点击【保存】，提示保存申请产品信息成功后，点击确定自动返回到本页。如图 2-11 所示。

图 2-11

1.产品申报

产品录入，点击"添加申请表"→可以看到 4 个列表（申请产品信息、申请单位信息、主要生产经营单位情况、推荐审核意见），依次填写"信息"→点击"保存"→保存成功。

（1）填写申请产品信息，如图 2-12 所示。

产品类别由国家中心统一审核、管理、对应申报中没有的产品类别，请向技术支持或国家中心申请，由国家中心审核后添加。

图 2-12

（2）填写申请单位信息，如图 2-13 所示。

（3）填写主要生产经营单位情况，如图 2-14 所示，生产经营单位可以添加多个。

一、申请产品信息
二、申请单位信息
三、主要生产经营单位情况
四、申请意见
申请单位全称
法人代表（负责人）
联系人姓名
联系人电话
手机号码
传真
电子邮箱
通讯地址
保存申请单位信息
关闭

图 2-13

全国名特优新农产品名录申请表-添加
一、申请产品信息
二、申请单位信息
三、主要生产经营单位情况
四、申请意见
序号
生产经营单位名称
操作
保存并继续+添加
生产单位全称
法人代表（负责人）
注册资金（万元）
注册商标
主要品种
生产规模（公顷，万头、万只、万羽等）
公顷
商品总量（吨）
联系人
职务
联系人电话
手机
传真
电子邮箱
通讯地址
认证与质量体系及追溯试点情况
认证类别
是否认证

图 2-14

填写完成一个生产经营单位信息后，如需继续添加生产经营单位，请点击左侧保存并继续添加按钮，如图 2-15 所示。如需删除已添加生产经营单位，点击生产经营单位列表后操作栏的【删除】按钮。

图 2-15

（4）填写推荐审核意见，如图 2-16 所示，审核意见可根据本地区实际情况，修改填写。

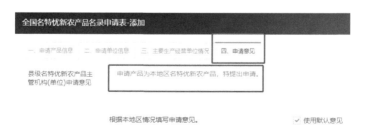

图 2-16

2. 委托营养品质评价鉴定机构检测

（1）委托检测。申报单位按照产品类别选择有关检测资质的营养品质评价鉴定机构进行检测，在申报产品列表中操作栏点击【委托机构】按钮，如图 2-17 所示，在弹出的评价鉴定机构列表中选择评价鉴定机构，可按机构名称、机构地址、可鉴定产品进行模糊检索，输入后列表自动按查询条件过滤显示，点击【委托】，选择的鉴定机构即加入右侧列表，点击【确定】。如图 2-18 所示。

图 2-17

（2）采纳检测报告。评价鉴定机构检测完成后，提交检测报告，申报单位在申报产品列表中操作栏点击【委托任务】，在委托任务列表中选择委托检测任务，点击【采纳】。

（3）修改、删除、预览。已完成填报的产品，可以在申报列表操作栏目选择修改、删除、预览、导出打印等操作。如图 2-19 所示。

图 2-18

图 2-19

　　未上报产品，也可以导出打印，为了确保系统信息与上报纸质材料一致，未上报产品导出打印的文件，包含了水印【未上报，上报后导出打印无水印】的提示信息。如图 2-20 所示。

　　导出打印文件为 PDF 格式文件，请下载安装 PDF 文件阅读程序。

上海市-食用菌类

图 2-20

（4）上报【申请表】到市级主管部门。申报产品所有信息填写完整并确认准确无误后，选择要上报产品，点击申报列表右上角【批量上报】按钮，上报申报产品到市级工作机构，点击上报后，系统会自动检查申报信息是否完整，如不完整，请按提示进行修改。如图 2-21、图 2-22 所示。（注：上报到市级主管部门后区镇级用户将不能再进行修改。）

图 2-21

图 2-22

（5）导出打印。上报完成后，导出打印。导出打印 PDF 文件包含"本材料纸质文本与申报系统信息一致"水印，上级工作机构以包含此水印纸质材料为正式申报文件，如图 2-23 所示。

把导出的资料打印成纸质材料加盖公章和签字后，一并邮寄到上级。

3. 名录产品

名录产品为已通过国家中心审核，纳入全国名特优新农产品名录的产品，如图 2-24 所示。对于名录产品，可以进行年度确认、注销等操作。同时，在有效期到期前 3 个月开始提醒，进行年度确认。

全国名特优新农产品

申　请　表

产品名称：马陆葡萄

品种名称：巨峰、阳光玫瑰

产品类别：葡萄

申请单位全称：上海市嘉定区马陆镇农业服务中心　（盖章）

申请日期：2021-09-13

农业农村部农产品质量安全中心 制

图 2-23

名录产品列表中点击年度确认后，该产品状态"是否已申请年度确认"为是，同时，该产品在年度确认中待确认产品列表中也显示出来，可在年度确认中跟踪年度确认审核状态。

4.退回管理

（1）退回产品。部级审核中发现申报产品信息需要补充时，可以直接打回镇级修改，退回产品为打回修改的产品列表，可查看退回原因或重新申报。

（2）退回记录。退回记录为所有退回产品列表，如图 2-25所示。

图 2-24

图 2-25

5. 用户管理

（1）农业部门用户。点击用户管理—农业部门用户，可看到镇级用户的信息，如图 2-26 所示：

图 2-26

点击编辑按钮可进行用户修改，如图 2-27 所示。登录账户、行业类别为上级分配账户时，如需修改，请联系上级工作机构。

图 2-27

（2）评价鉴定机构。评价鉴定机构为经过农业农村部农产品质量安全中心审核的评价鉴定机构，申报单位可选择相关评价鉴定机构进行申报产品营养品质检测，点击操作栏可以浏览详细信息，如图 2-28、图 2-29 所示。

图 2-28

图 2-29

（3）首席专家。浏览经过部级审核的专家名单，如图 2-30 所示。

图 2-30

6. 统计汇总

点击统计汇总可看到产品量统计、工作量统计、生产规模统计，如图 2-31 所示。

图 2-31

7.修改密码

为了保证信息安全，按照农业农村部信息中心要求，所有用户密码不能使用简单密码，因此，修改密码时，要求必须新密码不能和账号一样，不能和原来密码一样，不能包含空格，必须包含大写字母、小写字母、数字、特殊符号这 4 类字符，长度为 8～16 位，特殊符号必须在括号中的 16 个字符选择（！@＃＄％＾＊（）—＿｜。；：），如图 2-32 所示。

修改密码后，请务必牢记、妥善保存密码，如确实忘记密码，请联系上级工作机构重置密码或联系技术支持工程师重置。

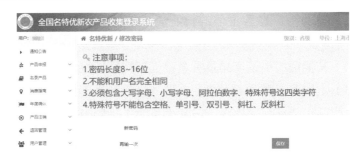

图 2-32

三、服务咨询

（一）QQ 技术支持

安装 QQ 后可以通过 QQ 进行咨询，必要时可以远程协助，点击 QQ 交谈按钮立即开始交谈。

QQ 群：名特优新技术支持群（816031574）。

工程师 QQ 号：1394442461。

（二）电话技术支持

申报咨询电话：010-59198569。

技术咨询电话：010-82176359。

第六节 材料上报

一、材料清单

申请登录全国名特优新农产品名录，提交下列材料。

（1）全国名特优新农产品申请表。

（2）全国名特优新农产品营养品质评价鉴定机构出具的名特优新农产品营养品质评价鉴定报告。

（3）主要生产经营主体的营业证照、相关获奖及认证证书复印件。

（4）其他证明申请产品具有名特优新特征特性的材料。

（5）申请产品数码照片3～5张，包括产品不同生长期、生产环境、产品包装标识等内容（图片大小为3～5 MB）。

二、审核要点

（一）申报主体

（1）审核申报主体是否为事业单位、技术推广部门、行业协会等组织。

（2）审核是否经镇级及以上农业主管部门择优确定。

（3）审核是否具有监督和管理名特优新农产品标志及其产品质量的能力。

（4）审核是否具有指导名特优新农产品生产、加工、营销的能力。

（5）审核是否具有宣传和推广名特优新农产品的能力。

（二）产品要求

（1）审核产品名称是否由地理区域名称和农产品通用名称构成。

（2）审核产品是否为种植业和养殖业产品及其产地初加工产品。

（3）审核产品是否具有一定公众认知度，是否具备独特营养品质特色，产品质量是否优良、美誉度高，是否具有创新性。

（4）产品品质和特色是否取决于独特的自然生态环境和人文历史因素。

（三）基本条件

（1）生产规模和商品量是否符合《全国名特优新农产品名录收集登录生产规模要求》。

（2）是否依托龙头骨干生产经营主体引领带动，主要生产经营单位不多于 10 个。

（3）生产经营主体是否制定产品全程质量控制措施，是否形成可追溯的记录文件，是否注册国家追溯管理平台及相关管理平台。

（4）是否有注册商标，实行品牌化经营。

（5）产地环境是否符合国家相关技术标准规范要求，产品应符合食品安全相关标准要求，近 3 年来未出现过重大农产品质量安全问题。

三、材料要求

（1）登录中国农产品质量安全网（http://www.aqsc.agri.cn）全国名特优新农产品申报系统，录入相关申报信息后提交上报。

（2）由镇级以上农业农村部门农产品质量安全工作机构申请产品和推荐的主要生产经营主体的真实性和可靠性进行确认，提出确认意见，同时在申请信息系统填写确认意见。

（3）市农产品质量安全中心负责对其符合性和代表性进行确认，提出确认意见，同时在申请信息系统填写确认意见。

（4）逐级确认后，申报主体下载打印申请材料2份，经逐级签字盖章后上报。

（5）农业农村部农产品质量安全中心负责对全国名特优新农产品名录申请材料完整性和产品地域独特性进行审查，组织专家进行技术确认，提出确认意见。

第三章

名特优新农产品管理

第一节　年度确认

全国名特优新农产品实行年度确认制度，其证书长期有效，逾期未进行年度确认的登录产品将自动退出全国名特优新农产品名录。证书持有人应在有效期满 30 日前，收集登录产品当年的产品品种、生产地域、生产规模、年商品量、营养品质特征、主要生产单位等年度信息，自行登录电子信息系统申请年度确认。

自获证之日起，每 3 年（每隔 2 年）提交一次独特性营养品质评价鉴定报告。因品种或生产方式调整导致独特性营养品质特征发生明显变化的，证书持有人应当及时提交新的独特性营养品质鉴定报告。

年度确认电子信息经地（市）级工作机构审核和省级工作机构确认后，电子信息系统自动生成全国名特优新农产品年度确认文书，由证书持有人自行下载打印。省级工作机构按季度将本地区、本行业的年度确认信息报农业农村部农产品质量安全中心备案公告。全国名特优新农产品证书原件与年度确认文书共同作为全国名特优新农产品证明材料。

年度确认流程和产品申报流程一样，逐级审核。待确认产品中为正在申请年度确认的产品，已确认产品中为已通过年度确认的产品，点击【历次确认】可以查看年度确认历史记录，可以浏览本次申报和上年度之间的差异比较，比较鉴定报告，如图 3-1 所示。

图 3-1

选择已通过年度确认产品，点击【导出年度确认证书】，系统自动生成年度确认证书，申报单位自行彩色打印即可；具体如图 3-2、图 3-3 所示。

图 3-2

图 3-3

第二节　产品注销

获证产品出现重大产品质量安全问题或者不再符合全国名特优新农产品登录条件的，由省级工作机构确认后以正式文件报国家中心注销名录，收回全国名特优新农产品证书。

在名录产品中，选择注销产品后，产品进入注销申请状态，待注销产品为正在申请注销的产品列表。产品注销流程为区县申请，市、省、部逐级审核。已注销产品为已通过国家中心审核、正式注销的产品列表；如图 3-4 所示。

图 3-4

第三节　质量监督

一、营养品质稳定性跟踪评价

对已通过全国名特优新农产品名录公示的产品，对其营养品质的稳定性要进行跟踪评价，上海市分镇级、区级、市级及国家层面不同机构跟踪评价。①镇级以上农业农村部门农产品质量安全（优质农产品）工作机构加强对获证全国名特优新农产品的跟踪管理；

②区级工作机构加强对获证产品生产经营情况的日常巡查，结合年度确认工作，开展现场核查和检查督导；③上海市农产品质量安全中心负责组织实施对全市获证产品的跟踪检查和独特营养品质稳定性跟踪评价；④农业农村部农产品质量安全中心根据需要组织开展全国名特优新农产品独特营养品质跟踪稳定性抽检工作。独特营养品质稳定性跟踪评价和跟踪抽检报告可用于年度确认。

二、质量抽查与监督

获证产品出现重大产品质量安全问题或者不再符合全国名特优新农产品登录条件的，由省级工作机构确认后以正式文件报国家中心注销名录，收回全国名特优新农产品证书。

对获证的名特优新农产品实施质量监督，是确保名特优新农产品安全和消费安全的一个重要手段，能有效监控获证单位的产品质量及管理制度，间接提高产品质量，增强市场竞争力，提高经济效益。另外促使生产者、经营者重视产品质量、维护国家利益，保护消费者合法权益，对不合格产品进行警告处罚，规范市场行为，提高消费者及生产者的质量意识，质量监督采用综合检查方式。

（一）检查形式

上海市农产品质量安全中心组织实施，采取实地检查、查阅资料、座谈质询等方式，对申请名特优新农产品企业进行检查。重点检查获证单位原料来源和农业投入品使用情况、产品包装标识等从农田到市场的整个过程。

（二）检查程序

（1）确定检查的名特优新企业。
（2）开展检查，对相关资料和生产经营实地进行全面检查。

（3）检查组根据检查结果，对被检企业各项指标进行综合评价。

（4）检查组就检查中发现的好的做法和亮点、存在问题和隐患、改进意见和建议向当地工作机构和主要负责人反馈。

（三）检查内容

全面检查名特优新生产经营的各个环节，重点检查以下内容。

1. 生产经营的规范性

按照"环境有监测、操作有规程、生产有记录"的要求，调查产地环境质量、区域范围及周围污染源受控情况，掌握重点区域的农业环境变化趋势；了解获证单位的生产操作规程和相关标准执行情况，及时发现并纠正违规生产操作行为；查阅获证单位是否建立生产记录并按规定对生产记录进行档案管理，查看生产记录内容是否完备，评估生产记录真实性。

2. 产品质量安全性

狠抓原料、添加剂、农业投入品的使用情况检查，从源头上保障质量安全，重点检查获证单位是否使用禁（限）用农（兽）药；农（兽）药、肥料使用是否符合相关准则；采收、屠宰或捕捞是否符合农（兽）药安全间隔期或休药期的要求；原料及投入品储存是否有专人管理和适宜场所。

3. 标志合法性

全国名特优新农产品名录产品辖区内符合规定要求的产品，经证书持有人审核同意，可在其产品包装上标注"全国名特优新农产品"字样，也可使用农产品质量安全中心专用公共标识（图 3-5）。

图 3-5

重点检查标有"名特优新农产品"的产品其证书是否有效，是否存在伪造、冒用标志等行为。

第四节 宣传展示

2018 年重启名特优新名录收集登录工作以来，在不断增加申报数量的同时深化宣传和展示方式，取得新进展，目前全国统一的宣传方式主要在中国农产品质量安全网（国家农产品质量安全公共信息平台），《中国农产品质量安全》微信公众号上进行全国名特优新农产品展播，详细介绍主要产地、品质特征、环境优势、收获时间、推荐储藏保鲜和食用方法、市场销售采购信息。河南省农产品质量检测中心和绿色食品发展中心于 2019 年年底开展 2019 年河南省"我最喜爱的名特优新农产品"评选，评选出多种类、区域优势明显的农产品品牌 22 个，对名特优新农产品资源的开发、名特优新农产品品牌的培育、农产品知名度和美誉度的提高起到了重要作用。

一、宣传展示方式

上海市为了推动本地特色农产品及其产业发展，增强上海市农业生产者和消费者的农业品牌意识，开展多种形式的宣传活动，近年来上海农业品牌宣传主要有以下方式。

（一）组织参加各类展会

（1）农民丰收节期间，全市累计开展了 20 多个节庆活动。浦东新区美丽乡村嘉年华、金山区"党建引领·毗邻共荣"长三角农民丰收节纳入"全国 70 地庆丰收"全媒体直播。

（2）参加在上海举办的中国品牌日活动，参与搭建 200 m^2 的上海农业品牌主题区，组织 30 多家品牌合作社、企业以"侬好，吃了伐"游园市集和 VR 互动体验的形式，宣传浦东 8424 西瓜、南汇水蜜桃、马陆葡萄、金山蟠桃、奉贤黄桃、庄行蜜梨等地产农产品品牌。

（3）组织参加多届全国农交会，参加了数字农业、综合成就、地理标志、海峡两岸、农村人居和农产品等多种展区，设置驻场采购专区，百联集团、盒马鲜生、本来生活、蔬菜集团、农工商超市等沪上大型采购商入驻专区。

（4）组织崇明清水蟹参加全国农交会品牌晚会推介。参加 SIAL 中国国际（上海）食品和饮料展，组织上海荷裕冷冻食品有限公司、上海清美绿色食品（集团）有限公司、上海联豪食品有限公司等 14 家沪上知名的食品、农产品和新零售企业等代表性企业参展。

（二）开展地产农产品评优推介和品牌直销

（1）先后举办水蜜桃、黄桃、葡萄、蜜梨、国庆新大米与中晚熟大米、肉鸽等 7 场评优推介活动，评出金银铜奖 49 个，其中金奖 7 个，评出市民最受喜爱奖 21 个，同步推进宣传推介，农民日报、东方城乡报、上海电视台等媒体宣传报道累计 75 次，大幅提升了地产农产品口碑和知名度。

（2）会同上海市绿化和市容管理局共同开展"果园公园手拉手新鲜果品进万家"活动，打造"公园果品"直销品牌。19 个公园和 41 家合作社参与，直销活动持续 2 个多月，果品销售额达 1 977 万元，销售量达 125 万 kg，果品平均售价 15.8 元 /kg，各类媒体宣传报道达 26 次。其中上海市第一次发布信息在半小时内点击量超 10 万人次，新华社报道浦东供销合作社联社在复兴和淮海公园帮助果农销售水蜜桃的文章被中央人民政府网站转载，引起社会广泛关注。

二、品牌推广

结合名特优新农产品特点，提升名特优新农产品在社会上的认知度和影响力，可以从以下方面发力。

（一）名特优新农产品宣传推介

以打造名特优新农产品品牌为抓手，参加农交会、绿博会等全国性大型展会，开展多种形式宣传推介。展会内容重点包括：农产品展示展销、贸易洽谈、品牌农产品推介会，展示最具本市代表性的和名特优新农产品，加强供需双方的交流，扩大合作，实现优势互补、互利共赢。

（二）名特优新农产品与文化深度融合

促进上海名特优新农产品与当地文化的深度结合，通过政府搭台、企业唱戏、市民参与的方式，整理各方优势资源大力宣传推广名特优新农产品，打造有特色、有吸引力的文化节日，开展相关产品的评选活动。通过大型电商平台和新媒体渠道进行宣传，比如拼多多沪农优品，上农 App 绿食频道和微博、微信、抖音直播带货等。

（三）名特优新农产品与现代科技相结合

结合科技农业，发展现代农业，助力乡村振兴。利用现代科技比如 3D 打印技术或者 VR 虚拟参观农业生产过程，研发农产品自助售卖机，设置四维拍照区和网络直播间，展示当地的乡村振兴发展情况和现代农业发展成果，让市民切身感受到现代农业的科技成果。

第四章

名特优新农产品发展实例

截至 2021 年 6 月 31 日，上海通过全国名特优新农产品名录收集登录的有 4 个申请单位的 5 个产品，具体信息见表 4-1。

表 4-1　上海市名特优新农产品名录（截至 2021 年 6 月 31 日）

序号	产品名称	所在地域	证书编号	获证单位
1	奉贤南瓜	奉贤区	CAQS-MTYX-20190320	上海市奉贤区蔬菜技术推广站
2	仓桥水晶梨	松江区	CAQS-MTYX-20200005	上海市松江区食用农产品安全监督检测中心
3	奉贤七彩雉	奉贤区	CAQS-MTYX-20200244	上海市奉贤区动物疫病预防控制中心
4	奉贤七彩雉鸡蛋	奉贤区	CAQS-MTYX-20200245	上海市奉贤区动物疫病预防控制中心
5	崇明清水蟹	崇明区	CAQS-MTYX-20210007	上海市崇明区河蟹协会

第一节　奉贤南瓜

一、主要产地

上海市奉贤区柘林镇海湾村。

二、品质特征

奉贤南瓜果形端正,呈扁锥形,个体中等,平均单果重 2.0 kg,果皮绿色具白色条带,果面不光滑,手感质地硬。果肉 4.0 cm 左右,呈黄色,肉质细致紧密,吃口内滑外糯,似蛋黄口感,淡香怡人。

奉贤南瓜维生素 C 含量为 10.5 mg/100 g,维生素 E 含量为 3.02 mg/100 g,可溶性固形物含量为 13.4%,淀粉含量为 2.04 g/100 g。奉贤南瓜口感香甜软糯,易于消化,营养及保健价值丰富。

三、环境优势

奉贤南瓜产区位于上海市奉贤区柘林镇,地处上海南部,位于东海之滨,属于亚热带季风气候区,年降水量约 1 300 mm,年平均气温 17.5 ℃。海湾村距离海岸线不到 10 km,海风的吹动有助于空气流通,冲积平原的土壤质地为黏质壤土,早春栽培昼夜温差大,有利于南瓜品质提升,特别是促进淀粉及可溶性固形物的积累，增加南瓜的储运期。奉贤南瓜种植上与水稻、洋葱等作物轮作，施用有机肥，土壤疏松健康，地力条件好，独特的种植优势造就了奉贤南瓜的优良品质。

四、收获时间

每年6月为奉贤南瓜的收获期，6月中下旬至9月，为奉贤南瓜的最佳品质期。

五、推荐储藏保鲜和食用方法

奉贤南瓜采收后置于阴凉干燥处进行储藏。

奉贤南瓜可直接蒸熟后食用，口感软糯香甜，也可以制作成南瓜粥、南瓜饼、南瓜蛋糕等，风味更佳。

六、市场销售采购信息

消费者可通过联系奉贤南瓜的种植企业（合作社）进行购买。

企 业 名 称：上海曹野农业发展有限公司。

地　　　址：上海市奉贤区柘林镇北村路 265 号。

联　系　人：唐正军。

联 系 电 话：13801981761。

合作社名称：上海艾妮维农产品专业合作社。

地　　　址：上海市奉贤区柘林镇奉柘公路 3608 号（甲）。

联　系　人：翁志华。

联 系 电 话：13801764865。

第二节　仓桥水晶梨

一、主要产地

上海市松江区。

二、品质特征

仓桥水晶梨果形端正，呈圆形或扁圆形。果皮呈金黄色或黄绿色，果面光泽，果点均匀，果肉晶莹剔透，平均单果果实横径 65 mm，平均单果重 300 g。口感脆、嫩、鲜、甜，汁液饱满，果香清甜。

仓桥水晶梨含糖量高，口味香甜，可溶性固形物含量高达 12.5% 以上（测定值为 13.2%），富含烟酸（测定值为 650 μg/100 g）、维生素 C（测定值为 7.75 mg/100 g）。

三、环境优势

仓桥水晶梨种植地位于黄浦江上游，地处太湖流域碟形洼地的底部，湖泊众多，水系发达，植被茂密。当地属亚热带季风性气候，气候温和，日照充足，四季分明，无霜期 282 天，雨量充足。该地为江南水乡之一，在黄浦江源头，有着得天独厚的水资源，质量符合国家二级地面水环境质量标准的要求，干净优良的水质确保了仓桥水晶梨优良的品质。从地理角度来看，仓桥土壤条件属于长江三角洲冲积而成的湖沼平原，春秋时期开始逐渐成陆，因此，该地区土壤为由湖河沉积而成的沃土，pH 值在 6 左右，普遍呈弱酸性，俗称"青紫泥"。有利于有机物质积累，潜在养分含量丰富。这些奠定了仓桥水晶梨内在物质基础。

四、收获时间

6月中旬至8月中旬，最佳品质期为7月。

五、推荐储藏保鲜方法

（一）储藏保鲜

食用最佳期为常温下存放2～3天。冰箱保鲜为10～12天。

（二）食用方法

（1）生吃。民间对其有"生者清六腑之热，熟者滋五脏之阴"的讲法。因此，生吃梨子能明显解除上呼吸道感染患者所出现的咽喉干、痒、痛、喑哑，以及便秘尿赤等症状。

（2）榨汁。将梨子榨成梨汁，或者加胖大海、冬瓜子、冰糖少量，煮饮，对天气亢燥、体质火旺、喉炎干涩、声音不扬者，均具有滋润喉头、补充津液的功效。

（3）冰糖炖梨。冰糖炖梨是我国非常传统的食疗补品。可以滋阴润肺，止咳祛痰，对嗓子具有良好的润泽保护的作用。

六、市场销售采购信息

企业名称：上海仓桥水晶梨发展有限公司。

地　　址：上海市松江区富永路 2000 号。

联 系 人：金凤雷。

联系电话：4006 198 618（全国免费）。

第三节　奉贤七彩雉

一、主要产地

上海市奉贤区青村镇钱忠村。

二、品质特征

奉贤七彩雉体形适中、体态较丰满，公雉眼周和脸颊裸区鲜红，喙灰白色；头颈部羽毛墨绿带紫色光泽，颈基部有白色颈环；背部靠颈环红褐色有黑斑，腰荐部、翼绛红色，羽尖带白斑；胸部红褐色、有光泽；腹部棕黄色，两侧带黑斑；尾羽长，黄灰色；胫灰褐色，有短距；皮肤淡黄色。母雉喙青灰色；下颌部灰白色；头顶及颈部栗色，有光泽；背部、翼麻栗色；胸腹部浅黄色；尾羽长、麻栗色；胫灰褐色；皮肤淡黄色。

奉贤七彩雉其胆固醇测得值为 43.1 mg/100 g，低于参照值 106 mg/100 g；蛋白质测得值为 24.9 g/100 g，高于参照值 20.4 g/100 g。

三、环境优势

奉贤地处杭州湾北岸，是上海市现代都市农业的先行区，也是国内最早开展七彩雉人工养殖的地区之一。自 20 世纪 80 年代末 90 年代初以来，奉贤的七彩雉人工养殖已有近 30 年历史，当地最早饲养的品种主要是从美国引进的人工培育品种"美国七彩山鸡"，高峰存栏规模曾达到数十万套种雉，年销售种苗近千万羽、商品蛋数百吨，养殖区域主要分布在域内青村、奉城、金汇、柘林、四团及周边的数十个乡镇，并先后组建了以上海卫季珍禽场、上海五四珍禽场、上海欣灏珍禽育种有限公司等多家标准化规模养殖企业为基地的农民专业合作社，采用基地＋农户的统一供苗、统一供料、统一免疫、统一商标和统一销售的"五统一"模式，开展人工培训"七彩雉"的规模化、标准化人工养殖，产品远销国内 20 余个省（区、市），被誉为"珍禽之乡"。

四、收获时间

全年均为收获期。

五、推荐储藏保鲜方法

-18℃低温冷冻保存。

六、生产经营单位信息

企业名称：上海欣灏珍禽育种有限公司。

地　　址：上海市奉贤区青村镇钱忠村罗神一组。

第四节　奉贤七彩雉鸡蛋

一、主要产地

上海市奉贤区青村镇钱忠村。

二、品质特征

奉贤七彩雉鸡蛋个体较小，蛋壳硬，90% 以上为橄榄色；蛋清稠、蛋白浓厚细嫩；蛋黄大，呈橘黄色，富含卵磷脂、维生素 A、维生素 B、维生素 E 和锌、晒、碘等微量元素以及多种氨基酸，是一种富含高维生素、高微量元素、高氨基酸、低胆固醇、低脂肪的天然滋补食品，经常食用能促进脂肪转化、改善心脏和大脑功能，提高人体免疫力。

奉贤七彩雉鸡蛋营养丰富，口感细嫩，胆固醇低于鸡蛋平均水平（572 mg/100 g），富含维生素 A（1 141 μg/100 g）、维生素 E（1.643 mg/100 g），以上测定值均优于同类鸡蛋参照值。

三、环境优势

奉贤七彩雉鸡蛋环境优势同奉贤七彩雉。

奉贤七彩雉鸡蛋生产经营主体上海欣灏珍禽育种有限公司，简称"申鸿"，成立于 2003 年，是全国雉鸡行业的引领者。多年来，一直专注雉鸡的育种和产品研发工作，有两个养殖基地，占地 110 亩（1 亩 ≈ 667 m^2，15 亩 =1 hm^2），养殖种雉鸡 10 万余套。雉鸡蛋个头比草鸡蛋要小，蛋壳更硬；蛋清稠，蛋白浓厚、细嫩，极

易被人体消化吸收。富含大量的卵磷脂、氨基酸和微量元素。蛋黄色泽鲜艳，口感更鲜。能平衡人体营养，特别对发育中的婴儿、儿童及孕妇、老年人效果最佳，属高维生素、高微量元素、高氨基酸、低胆固醇、低脂肪的天然理想保健食品。

四、收获时间

全年均为收获期。

五、推荐储藏保鲜方法

（一）注意隔离

新鲜的鸡蛋是有生命的，它需要不停地通过蛋壳上的气孔进行呼吸，因此具有吸收异味的功能。如果在储存过程中与大蒜、韭菜等有不良气味的食物混放，那么鸡蛋就会出现异味，影响食用口感。

（二）不要密封存放

有些人觉得鸡蛋脏，将其放在塑料盒里密封"隔离"，这样不对。因为存放过程中鸡蛋也需要"呼吸"，向外蒸发水分，用塑料盒保存，盒内不透气，里面的环境潮湿，会使蛋壳外的保护膜溶解失去保护作用，加速鸡蛋变质，要注意。

（三）存放前不用水洗

蛋壳外的保护膜是水溶性的，水洗会破坏保护膜。平时可买干净的清洁蛋，或者买普通鸡蛋在冷藏室里隔开存放，避免交叉污染。

在温度 2～5℃下，鸡蛋可以保存 40 天，在冬季室内可以保存 15 天左右，夏季室内常温下鸡蛋可以保存 10 天左右。鸡蛋超过保质期，新鲜程度和营养成分都会受到影响。

六、生产经营单位信息

企业名称：上海欣灏珍禽育种有限公司。

地　　址：上海市奉贤区青村镇钱忠村罗神一组。

第五节　崇明清水蟹

一、主要产地

上海市崇明区。

二、品质特征

崇明清水蟹除具备长江水系中华绒螯蟹的一般性外在特征外，95% 以上的个体第二步足长节末端达到或超过第一侧齿尖端，额齿间的缺刻较深、呈 "V" 字形或深圆弧形。背壳侧齿最后一颗齿明显或锐利。青背白肚、金爪黄毛、肉质细嫩。

崇明清水蟹富含谷氨酸、天冬氨酸、丝氨酸 3 类鲜味氨基酸，其钠测得值为 282 mg/100 g，高于参照值 193.5 mg/100 g；钾测得值为 263 mg/100 g，高于参照值 181 mg/100 g；镁测得值为 91.6 mg/100 g，高于参照值 23 mg/100 g；硒测得值为 67.7 μg/100 g，高于参照值 56.72 μg/100 g。

三、环境优势

"崇明蟹水蟹" 的地域范围为东经 121° 09′30″ 至 121° 54′00″、北纬 31° 27′00″ 至 31° 51′15″ 的崇明岛，以及长兴岛和横沙岛。

该区域属北亚热带，气候温和湿润，年平均气温 15.2℃，日照充足，雨水充沛，四季分明。岛上水土洁净，空气清新，生态环境优良。由于崇明地处长江入海口，且在打造世界级生态岛，工业污染源极少，从对养殖水体进行水质检测的情况看，所有养殖水体水质全部符合无公害养殖水体水质标准。崇明为世界第一冲积岛，土质为泥沙质，与中华绒螯蟹的天然生长环境相仿，适合"崇明清水蟹"的生长，决定了"崇明清水蟹"具有的特定品质，含有丰富的氨基酸等指标。崇明自古以来是长江水系中华绒螯蟹的发源地，从 20 世纪 60 年代开始捕捞、销售天然蟹苗，从而进行蟹种、成蟹养殖，养成的清水蟹肉质细嫩、膏脂丰满、回味甘甜。目前崇明清水蟹养殖已使用上海自主研发的良种品牌为"江海 21"。

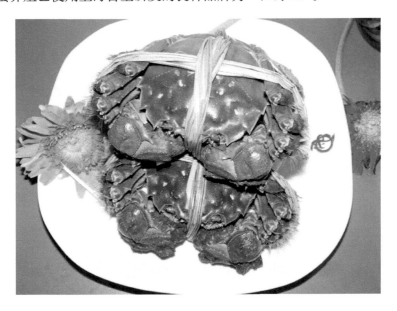

四、收获时间

10 月至翌年 1 月。

五、生产经营单位信息

合作社名称：上海福岛水产养殖专业合作社。

地　　址：上海市崇明区新河镇新建村新风 291 号。

合作社名称：上海崇东水产养殖专业合作社。

地　　址：上海市崇明区陈家镇南首长江大桥西侧。

合作社名称：上海宝岛蟹业有限公司。

地　　址：上海市崇明区绿华镇绿港村新堡路 988 号。

附录

全国名特优新农产品营养品质评价鉴定机构名录

序号	鉴定机构名称	鉴定机构编号	联系人	座机	传真	地址
1	浙江省农业科学院农产品质量安全与营养研究所	CAQS-PJ-0001	朱老师	0571-86417319	0571-86401834	浙江省杭州市江干区石桥路 198 号 2 号楼 147 室
2	江苏省农业科学院农产品质量安全与营养研究所	CAQS-PJ-0002	韩老师	025-84390176	025-84390176	江苏省南京市钟灵街 50 号
3	吉林省农业科学院农业质量标准与检测技术研究所	CAQS-PJ-0003	仇老师	0431-87063231	0431-87063231	吉林省长春市生态大街 1363 号
4	吉林农业大学农业质量标准与检测技术研究中心	CAQS-PJ-0004	赵老师	0431-84517904	0431-84510955	吉林省长春市新城大街 2888 号

序号	鉴定机构名称	鉴定机构编号	联系人	座机	传真	地址
5	湖南省食品测试分析中心	CAQS-PJ-0005	尚老师	0731-84690788	0731-84690788	湖南省长沙市芙蓉区马坡岭省农科院实验大楼6楼
6	山东省农业科学院农业质量标准与检测技术研究所	CAQS-PJ-0006	陈老师	0531-66658275	0531-88960397	山东省济南市工业北路202号
7	四川省农业科学院农业质量标准与检测技术研究所	CAQS-PJ-0007	胡老师	028-84504144、84670588	028-84790697	四川省成都市锦江区静居寺路20号附102号
8	重庆市农业科学院农业质量标准与检测技术研究所	CAQS-PJ-0008	黄老师、柴老师	023-65717009	023-65717011	重庆市九龙坡区白市驿镇农科大道
9	中国农业科学院农业资源与农业区划研究所	CAQS-PJ-0009	姜老师	010-82107077	010-82105091	北京市海淀区中关村南大街12号中国农科院资源划所土肥楼405室
10	中国农业科学院油料作物研究所	CAQS-PJ-0010	喻老师	027-86812862	027-86812862	湖北省武汉市武昌区徐东二路2号
11	中国农业科学院农产品加工研究所	CAQS-PJ-0011	黄老师	010-62815969	010-62815969	北京市海淀区圆明园西路2号农科院加工所科研4号楼
12	中国农业科学院兰州畜牧与兽药研究所	CAQS-PJ-0012	郭老师	0931-2115265	0931-2115191	甘肃省兰州市小西湖硷沟沿335号

序号	鉴定机构名称	鉴定机构编号	联系人	座机	传真	地址
13	农业农村部环境保护科研监测所	CAQS-PJ-0013	王老师	022-23611260	022-23611160	天津市南开区复康路 31 号
14	中国农业科学院北京畜牧兽医研究所	CAQS-PJ-0014	李老师	010-62818802	010-62897587	北京市海淀区圆明园西路 2 号畜牧所奶业楼 320 室
15	农业农村部蜂产品质量安全风险评估实验室	CAQS-PJ-0015	黄老师	010-62594643	010-62594643	北京市海淀区香山北沟 1 号蜜蜂研究所
16	中国农业科学院果树研究所	CAQS-PJ-0016	匡老师	0429-3598185	0429-3598185	辽宁省兴城市兴海南街 98 号
17	中国农业科学院烟草研究所	CAQS-PJ-0017	于老师	0532-88703386	0532-88703386	山东省青岛市崂山区科苑经四路 11 号
18	河南省农业科学院农业质量标准与检测技术研究所	CAQS-PJ-0018	胡老师、尚老师	0371-65750097、65724245	0371-65713926	河南省郑州市金水区花园路 116 号
19	福建省农业科学院农业质量标准与检测技术研究所	CAQS-PJ-0019	林老师	0591-87861583	0591-87861583	福建省福州市鼓楼区五四路 247 号
20	上海市农业科学院农产品质量标准与检测技术研究所	CAQS-PJ-0020	赵老师	021-67131635、62202832	021-62203612	上海市奉贤区金齐路 1000 号 3 号楼 809 室

序号	鉴定机构名称	鉴定机构编号	联系人	座机	传真	地址
21	中国农业科学院柑桔研究所	CAQS-PJ-0021	沈老师、赵老师	023-6834904	023-6834904	重庆市北碚区歇马镇柑桔村15号
22	浙江大学生物系统工程与食品科学学院	CAQS-PJ-0022	吴老师	0571-88982665	0571-88982665	浙江省杭州市西湖区浙江大学紫金港校区农生环C403
23	内蒙古自治区农牧业质量安全与检测研究所	CAQS-PJ-0023	高老师	0471-5904559	0471-5904559	呼和浩特市玉泉区昭君路22号
24	中国农业科学院植物保护研究所	CAQS-PJ-0024	吴老师	010-62815938	010-62815938	北京市海淀区圆明园西路2号
25	中国农业科学院蔬菜花卉研究所	CAQS-PJ-0025	张老师、吕老师	010-82106963、62137927	82106963	北京市海淀区中关村南大街12号
26	中国水稻研究所	CAQS-PJ-0026	章老师	0571-63372451	0571-63370380	杭州市富阳区水稻所路28号
27	中国农业科学院作物科学研究所	CAQS-PJ-0027	宋老师	010-82108625	010-82108742	北京市海淀区中关村南大街12号质标楼北102室
28	农业农村部沼气科学研究所	CAQS-PJ-0028	宁老师	028-85230702	028-85230702	四川省成都市人民南路四段13号

序号	鉴定机构名称	鉴定机构编号	联系人	座机	传真	地址
29	天津市农业质量标准与检测技术研究所	CAQS-PJ-0029	赵老师	022-27950278	022-27950278	天津市西青区津静公路17公里处
30	广西壮族自治区农业科学院农产品质量安全与检测技术研究所	CAQS-PJ-0030	闫老师、罗老师	0771-3899306、3899890	0771-3899306、3899890	广西南宁市大学东路174号
31	黑龙江省农业科学院农产品质量安全研究所	CAQS-PJ-0031	王老师、刘老师	0451-86623150	0451-86625304	黑龙江省哈尔滨市学府路368号
32	江西省农业科学院农产品质量安全与标准研究所	CAQS-PJ-0032	李老师	0791-87090796	0791-87090291	江西省南昌市南莲路602号
33	新疆农业科学院农业质量标准与检测技术研究所	CAQS-PJ-0033	朱老师	0991-4514959	0991-4514959	新疆乌鲁木齐沙依巴克区南昌路403号
34	西藏自治区农牧科学院农业质量标准与检测研究所	CAQS-PJ-0034	余老师	0891-6861207	0891-6861207	拉萨金珠西路130号区农科院综合实验楼
35	中国农业科学院郑州果树研究所	CAQS-PJ-0035	李老师	0371-65330951	0371-65330951	河南省郑州市管城回族区未来路南端
36	中国农业科学院特产研究所	CAQS-PJ-0036	何老师	0431-81919555、81919550	0431-81919550	吉林省长春市净月开发区聚业大街4899号
37	农业农村部食物与营养发展研究所	CAQS-PJ-0037	梁老师	010-82106433	010-82105284	北京市海淀区中关村南大街12号中国农科院旧主楼4层

序号	鉴定机构名称	鉴定机构编号	联系人	座机	传真	地址
38	中国农业科学院饲料研究所	CAQS-PJ-0038	杨老师	010-82106097	010-82106054	北京市海淀区中关村南大街12号
39	中国农业科学院草原研究所	CAQS-PJ-0039	吴老师	0471-4926894	0471-4961330	内蒙古呼和浩特市乌兰察布东路120号
40	中国农业科学院麻类研究所	CAQS-PJ-0040	冷老师	0731-88998525	0731-88998528	湖南省长沙市咸嘉湖西路348号
41	中国农业科学院棉花研究所	CAQS-PJ-0041	马老师	0372-2525389	0372-2562278	河南省安阳市黄河大道38号
42	新疆农垦科学院分析测试中心	CAQS-PJ-0042	魏老师	0993-6683336	0993-6683652	新疆石河子市乌伊公路221号
43	甘肃省农业科学院农业质量标准与检测技术研究所	CAQS-PJ-0043	焦老师、李老师	0931-7612660	0931-7616650	甘肃省兰州市安宁区甘肃省农业科学院创新大厦质标所
44	云南省农业科学院质量标准与检测技术研究所	CAQS-PJ-0044	汪老师	0871-65149900	0871-65140403	云南省昆明市盘龙区北京路2238号
45	中国热带农业科学院农产品加工研究所	CAQS-PJ-0045	叶老师	0759-2228505	0759-2222446	广东省湛江市霞山区人民大道南48号
46	中国热带农业科学院分析测试中心	CAQS-PJ-0046	张老师	0898-66895009	1387680195B	海南省海口市龙华区学院路4号

序号	鉴定机构名称	鉴定机构编号	联系人	座机	传真	地址
47	农业农村部茶叶质量监督检验测试中心	CAQS-PJ-0047	金老师	0571-86650124	0471-86652004	浙江省杭州市西湖区梅灵南路 9 号
48	广东省农业科学院农业质量标准与监测技术研究所	CAQS-PJ-0048	陈老师	020-85161829	020-8161829	广州市天河区金颖路 20 号省农科院创新大楼农产品公共监测中心
49	安徽农业大学	CAQS-PJ-0049	花老师	0551-65786296	0551-65786337	安徽省合肥长江西路 130 号
50	中国热带农业科学院热带作物品种资源研究所	CAQS-PJ-0050	罗老师	0898-66961386	0898-66961371	海南省海口市龙华区中国热带农业科学院海口院区品资所
51	中国科学院沈阳应用生态研究所	CAQS-PJ-0051	张老师、王老师	024-88087757、83970390	024-83970389	辽宁省沈阳市沈河区文化路 72 号
52	郑州市农产品质量检测流通中心	CAQS-PJ-0052	王老师	0371-67172259	0371-67189720	郑州市淮河西路 56 号
53	天津市乳品食品监测中心有限公司	CAQS-PJ-0053	孙老师	022-23412292	022-23416617	天津市南开区士英路 18 号
54	青海省农林科学院农产品质量标准与检测研究所	CAQS-PJ-0054	肖老师	0971-5311177	0971-5311177	西宁市宁张路 253 号

序号	鉴定机构名称	鉴定机构编号	联系人	座机	传真	地址
55	宁波市农产品质量安全标准与技术研究所	CAQS-PJ-0055	朱老师	0574-89184044	0574-89184045	浙江省宁波市鄞州区德厚街19号
56	中国水产科学研究院质量与标准研究中心	CAQS-PJ-0056	杨老师	010-68671246	010-68671246	北京市丰台区青塔西路150号
57	中国水产科学研究院东海水产研究所	CAQS-PJ-0057	沈老师	021-65680121	021-65680121	上海市杨浦区军工路300号3号楼101室
58	中国水产科学研究院长江水产研究所	CAQS-PJ-0058	何老师	027-8178 0268	027-8178 0166	湖北省武汉市东湖新技术开发区武大园一路8号
59	宁夏农产品质量标准与检测技术研究所	CAQS-PJ-0059	单老师	0951-6886863	0951-6886867	银川市金凤区黄河东路590号
60	唐山市畜牧水产品质量监测中心	CAQS-PJ-0060	刘老师	0315-7909160	0315-7909165	河北省唐山市开平区唐古路东侧
61	温州市农业科学研究院分析测试中心	CAQS-PJ-0061	张老师	0577-88412934	0577-88412934	浙江省温州市瓯海区六虹桥路1000号3号实训楼319室
62	贵州省检测技术研究应用中心	CAQS-PJ-0062	李老师	0851-84405152	0851-84409159	贵州省贵阳市白云区白沙路388号
63	中国农业科学院北京畜牧兽医研究所	CAQS-PJ-0063	饶老师	010-62818190		北京市海淀区圆明园西路2号

序号	鉴定机构名称	鉴定机构编号	联系人	座机	传真	地址
64	山西省农业科学院农产品质量安全与检测研究所	CAQS-PJ-0064	秦老师	0351-7965708	0351-7639301	山西省太原市小店区龙城大街79号农科院12号楼210室
65	湖北省农业科学院农业质量标准与检测技术研究所	CAQS-PJ-0065	周老师	027-87389482	027-87389482	湖北省武汉市洪山区狮子山街南湖大道29号
66	河北省农林科学院农产品质量安全研究中心	CAQS-PJ-0066	钱老师	0311-87652325	0311-87652335	石家庄市新华区和平西路598号河北省农林科学院东一楼
67	中国农业大学动物医学院	CAQS-PJ-0067	曹老师	62734715	62731032	北京市海淀区圆明园西路2号中国农业大学西校区实验动物楼116房间
68	中国农业大学食品科学与营养工程学院	CAQS-PJ-0068	戴老师	010-62737381	010-62323465	北京市海淀区清华东路17号中国农业大学东校区食品楼323室
69	南京农业大学食品科技学院	CAQS-PJ-0069	王老师	025-84395650	025-84395650	江苏省南京市玄武区卫岗1号
70	西北农林科技大学	CAQS-PJ-0070	刘老师	029-87090017	029-87091917	陕西省杨陵示范区西农路22号

序号	鉴定机构名称	鉴定机构编号	联系人	座机	传真	地址
71	宁夏回族自治区农产品质量安全检测中心	CAQS-PJ-0071	潘老师	0951-5044666	0951-5044666	宁夏银川市金凤区新昌西路 165 号
72	农业农村部渔业环境及水产品质量监督检验测试中心（天津）	CAQS-PJ-0072	李老师	022-88252516	022-88252516	天津市河西区解放南路 442 号
73	上海市农产品质量安全中心	CAQS-PJ-0073	宋老师	021-59804489	021-59804486	上海市青浦区华新镇新府中路 1528 弄 28 号
74	江苏省家禽科学研究所	CAQS-PJ-0074	高老师	0514-85599093	0514-85599093	江苏省扬州市邗江区仓颉路 58 号
75	湖南省兽药饲料监察所	CAQS-PJ-0075	谭老师	0731-88851450	0731-88881434	湖南省长沙市岳麓区潇湘中路 61 号
76	中国农业科学院蚕业研究所	CAQS-PJ-0076	陈老师	0511-85616673	0511-85616673	江苏省镇江市四摆渡蚕研所
77	西南大学食品科学学院	CAQS-PJ-0077	郑老师、阚老师、石老师	023-68250351	023-68250351	重庆北碚天生路 2 号
78	厦门市农产品质量安全检验测试中心	CAQS-PJ-0078	连老师	0592-5926343	0592-5902839	厦门市思明区莲前西路 702 号 4-9 楼
79	江苏省水产品质量检测中心	CAQS-PJ-0079	吴老师	025-86581578	025-86581578	南京市南湖东路 90 号

序号	鉴定机构名称	鉴定机构编号	联系人	座机	传真	地址
80	南京财经大学	CAQS-PJ-0080	袁老师	025-86718509	025-86718509	南京市栖霞区仙林大学城文苑路 3 号食品科学与工程学院
81	北京市农业环境监测站	CAQS-PJ-0081	李老师	010-82031860	010-82031860	北京市西城区裕民中路 6 号
82	北京农业质量标准与检测技术研究中心	CAQS-PJ-0082	杜老师	010-51503406	010-51503406	北京市海淀区曙光花园中路 9 号北京市农林科学院质标中心
83	黑龙江省华测检测技术有限公司	CAQS-PJ-0083	舒老师	0451-87137551	0451-87137515	黑龙江省哈尔滨市利民开发区南京路 6 号华测检测
84	辽宁省检验检测认证中心	CAQS-PJ-0084	吕老师	024-24153310	024-24153310	辽宁省沈阳市沈河区小南街 281 号
85	贵州省农产品质量安全监督检验测试中心	CAQS-PJ-0085	赖老师	0851-86794919	0851-86794921	贵阳市鹿冲关路 34 号 3 号楼
86	河南中标检测服务有限公司	CAQS-PJ-0086	李老师、王老师	0371-61779228	0371-61779228	河南省郑州高新技术产业开发区长椿路 11 号 1 号孵化楼 916 号
87	英格尔检测技术服务（上海）有限公司	CAQS-PJ-0087	吴老师	021-51682921		上海市闵行区瓶北路 155 号

序号	鉴定机构名称	鉴定机构编号	联系人	座机	传真	地址
88	诺尼测试集团股份有限公司	CAQS-PJ-0088	杨老师	010-83055114	010-82619629	北京市海淀区锦带路66号院1号楼
89	通标标准技术服务有限公司	CAQS-PJ-0089	于老师	010-58251166		北京市北京经济技术开发区科创十三街12号院7号楼*
90	北京智云达科技股份有限公司	CAQS-PJ-0090	王老师	010-61199855	010-82752990	北京市海淀区双清路1号院内6号楼(西)4层404室
91	西安市农产品质量安全检验监测中心	CAQS-PJ-0091	汪老师	029-84259479	029-84299544	陕西省西安市莲湖区西二环193号农检大厦
92	中国农业科学院作物科学研究所	CAQS-PJ-0092	任老师	010-62115596	010-62115596	北京市海淀区学院南路80号
93	青岛市农产品质量安全中心	CAQS-PJ-0093	初老师	0532-87609717		山东省青岛市李沧区广水路791号
94	检科测试集团有限公司	CAQS-PJ-0094	蔡老师	010-85786125	010-85773789	北京市朝阳区高碑店北路甲3号
95	山东省烟台市农业科学研究院	CAQS-PJ-0095	兰老师	0535-5528872、5528873	0535-5528872	山东省烟台市福山区港城西大街26号质检中心

* 另有大连(0411-87912575)、天津(022-65288201)、青岛(0532-68999351)、上海(021-61152462)、宁波(0574-87767006-7431)、武汉(027-59081650)、南京(025-83270649)、成都(023-63110867)、广州(020-82155279)、厦门(0592-5715022)共十一家实验室。

序号	鉴定机构名称	鉴定机构编号	联系人	座机	传真	地址
96	盐城市农产品质量监督检验测试中心	CAQS-PJSYZ-0001	徐老师	0515-83709719	0515-83700179	盐城市亭湖区文港南路17号
97	苏州市农产品质量安全监测中心	CAQS-PJSYZ-0002	黄老师	0512-65857061	0512-65857785	江苏省苏州市吴中区吴中大道1399号农发大厦15楼
98	济南市农产品质量检测中心	CAQS-PJSYZ-0003	刘老师	0531-87406088	0531-87406061	济南市长清区明发路717号
99	榆林市农产品检测中心	CAQS-PJSYZ-0004	薛老师	0912-8162910	0912-8162910	陕西省榆林市榆阳区西沙文化南路27号
100	商洛市农产品质量安全中心	CAQS-PJSYZ-0005	李老师	091-48099358	091-48080715	陕西省商洛市商州区军民路1号
101	许昌市农产品质量安全检测检验中心	CAQS-PJSYZ-0006	薛老师	0374-7379977	0374-7379977	河南省许昌市八一东路3799号
102	白山市农产品质量检验监测中心	CAQS-PJSYZ-0007	丁老师			吉林省白山市浑江区人民路2号
103	通辽市农畜产品质量安全中心	CAQS-PJSYZ-0008	刘老师	0475-8415168	0475-8311165	通辽市科尔沁区建国路2349号
104	绿城农科检测技术有限公司	CAQS-PJSYZ-0009	尤老师	0571-85291125		浙江省杭州市滨江区长河街道滨安路688号3幢3层301室-310室
105	北京市林业果树科学研究院	CAQS-PJSYZ-0010	倪老师	010-62591596	010-62591596	北京市海淀区香山瑞王坟甲12号